建筑节能和功能材料工程系列丛书

建筑节能防水材料制备及检测实验教程

主编 吴 蓁 徐小威 高 珏

内容提要

本书是根据2016年国务院颁布的《关于促进建材工业稳增长调结构增效益的指导意见》、国务院印发的《关于加快发展现代职业教育的决定》和《现代职业教育体系建设规划(2014—2020年)》的文件精神和相关要求,为进一步推动高等现代职业教育体系建设,推广绿色建筑、建筑节能、防水材料的应用编写的。本书内容覆盖了基础建材的配制及性能检测,环保型树脂及其建筑涂料、防水涂料的制备及主要性能检测,无机、有机节能材料的制备及主要性能检测,节能防水一体化材料的制备及性能测定。并展示了编者在建筑节能防水领域的部分研究成果。

本书共7章,内容主要包括建筑材料基础实验、建筑节能材料的制作实验、建筑防水材料的制作实验、建筑节能防水一体化材料的制作、建筑节能材料的性能测试实验、建筑防水材料的性能测试实验以及开放性实验案例。部分制作实验中含有创新实验项目。

本书可用于应用型本科相关专业的实验教学,也可作为相关职业院校的参考用书。

图书在版编目(CIP)数据

建筑节能防水材料制备及检测实验教程 / 吴蓁,徐小威,高珏主编. —上海:同济大学出版社,2021.6

ISBN 978-7-5608-8844-6

Ⅰ. ①建… Ⅱ. ①吴… ②徐… ③高… Ⅲ. ①节能—建筑材料—防水材料—制备②节能—建筑材料—防水材料—检测 Ⅳ. ①TU57

中国版本图书馆CIP数据核字(2021)第108839号

建筑节能防水材料制备及检测实验教程

主　编 吴　蓁　徐小威　高　珏

责任编辑 胡晗欣　**责任校对** 徐春莲　**封面设计** 潘向蓁

出版发行 同济大学出版社 www.tongjipress.com.cn

(地址:上海市四平路1239号 邮编:200092 电话:021-65985622)

经　销 全国各地新华书店

排　版 南京文脉图文设计制作有限公司

印　刷 启东市人民印刷有限公司

开　本 787 mm×1092 mm 1/16

印　张 11

字　数 275 000

版　次 2021年6月第1版 2021年6月第1次印刷

书　号 ISBN 978-7-5608-8844-6

定　价 52.00元

前言

建筑节能与防水是建筑构造最重要的部分，其对提高建筑物使用功能和人们工作、生活质量，改善人们居住条件发挥着重要的作用。

建筑节能是关系我国建设低碳经济、完成节能减排目标、保持经济可持续发展的重要环节之一。国家的一系列相关政策法规对节能新技术、新工艺、新设备、新材料及新产品大力推广并形成一种理念，尤其是开发及推广、采用节能新型材料具有重要意义。节能保温材料主要包括新型墙体材料、保温隔热材料、节能玻璃、防水密封材料、陶瓷材料、新型化学材料和装饰装修材料等。

建筑防水工程在整个建筑工程中占有重要的地位。建筑防水工程涉及建筑物(构筑物)的地下室、墙地面、墙身及屋顶等诸多部位，其功能是使建筑物或构筑物在设计耐久年限内，防止雨水及生产、生活用水的渗漏和地下水的浸蚀，为人们提供一个舒适和安全的生活空间环境。在建筑工程中，建筑防水技术是一门综合性、应用性很强的工程技术学科，是建筑工程技术的重要组成部分。

节能与防水工程都是系统工程，与材料、设计、施工和监测密切相关。

"建筑节能防水材料制备及检测实验教程"是建筑节能材料专业方向重要的实验实践指导书，主要介绍建筑材料基础实验，建筑节能材料、建筑防水材料的制作、成型(施工)及其检测，节能防水一体化材料的制作及其检测等，其中部分是经过几十年的教学实验环节积累而成，部分取自大学生创新及拓展性实验项目，部分来自科研成果。本书采用国家现行的标准和规范，按照高等教育新工科的要求和突出建筑节能方向的人才培养目标，结合相应的实验教学大纲编写而成，是培养建筑节能、防水工程师实践能力的有效工具。

本书可作为校企合作实验课程的教材，故采用校企合作一体化编写，实验项目充分体现建筑节能材料、防水材料的环保化制作，为学生在建筑节能、防水领域的上岗操作奠定基础。本书以建筑建材行业转型需求为基本依据，以宽泛的就业需求为导向，以应用型本科学生为主体，在内容上注重与专业岗位实际要求紧密结合，符合我国高等教育对技能型人才培养的要求，体现了实验教学的科学性与实用性相结合的特色。

本书由吴蓁、徐小威、高珏担任主编。具体编写人员及分工如下：史继超编写第1章，徐小威编写第2,7章，吴蓁编写第3章，郑玉丽编写第4章，童伟编写第5章，高珏编写第6章；吴蓁承担策划、统编与定稿，高珏对全书进行了校核。

本书编写得到了上海应用技术大学上海市应用型本科试点专业、中本贯通教育培养试点专业建设的支持，在编写过程中部分参阅了国内同行的文献，得到了上海建科检验有限公司、上海市材料工程学校的支持，在此一并表示衷心的感谢！

限于编者的学识和实践经验，加之时间仓促，本书难免存在疏漏和不足之处，真诚地欢迎广大读者批评指正。

编　者

2021 年 3 月于上海

目 录

第1章

建筑材料基础实验

实验1.1　材料基本性质实验

实验1.1.1　密度

1. 实验目的与要求

(1) 掌握材料密度测定的原理和方法。

(2) 熟悉密度测定的具体操作。

2. 实验原理

密度是单位体积的质量，单位为千克/立方米(kg/m^3)。它是物质的一种特性，不随质量和体积的变化而变化，是反映物质特性的物理量。

将定量颗粒材料装入盛有一定数量无水煤油的李氏比重瓶(以下简称李氏瓶)中，根据阿基米德原理，颗粒材料的体积等于它所排开液体的体积，因此计算出颗粒材料单位体积的质量。

3. 实验设备、用品与药品

(1) 主要设备及用品。

李氏瓶、烧杯、小勺、漏斗、天平、恒温水槽、石料、滤纸。

(2) 实验药品。

无水煤油[符合《煤油》(GB 253—2008)的要求]。

4. 实验操作步骤

(1) 将石料试样粉碎、研磨、过筛后放入烘箱中，以(100±5)℃的温度烘干至恒重。烘干后的粉料储放在干燥器中冷却至室温，以待取用。

(2) 在李氏瓶中注入煤油或其他对试样不起反应的液体至突颈下部的零刻度线以上，将其放在温度为(t±1) ℃的恒温水槽内(水温必须控制在李氏瓶标定刻度时的温度)，使刻度部分浸入水中，恒温0.5 h。记下李氏瓶第一次读数V_1(准确到0.05 mL，下同)。

(3) 从恒温水槽中取出李氏瓶，用滤纸将李氏瓶内零点起始读数以上没有煤油的部分仔细擦净。

(4) 取100 g左右试样，用感量为0.001 g的天平(下同)准确称取瓷皿和试样总质量m_1。用牛角匙小心将试样通过漏斗渐渐送入李氏瓶内(不能大量倾倒，因为这样会妨碍李氏瓶中的空气排出，或在咽喉部分形成气泡，妨碍粉末的继续下落），使液面上升至 20 mL 刻度处（或略高于 20 mL 刻度处），注意勿使石粉黏附于液面以上的瓶颈内壁上。摇动李氏瓶，排出其中空气，至液体不再有气泡为止。再放入恒温水槽，在相同温度下恒温 0.5 h，记下李氏瓶第二次读数 V_2。

(5) 准确称取瓷皿加剩下的试样总质量 m_2。

5. 实验数据记录

密度实验数据记录于表 1-1 中。

表 1-1　密度实验记录

次数	质量/g	初始体积读数/mL	第二次体积读数/mL	密度/(g·cm^{-3})
1				
2				
平均				

6. 实验结果计算

石料试样密度按式(1-1)计算(精确至 0.01 g/cm^3)：

$$\rho_t = \frac{m_1 - m_2}{V_1 - V_2} \tag{1-1}$$

式中　ρ_t——石料试样密度(g/cm^3)；

m_1——实验前试样加瓷皿总质量(g)；

m_2——实验后剩余试样加瓷皿总质量(g)；

V_1——李氏瓶第一次读数(mL)；

V_2——李氏瓶第二次读数(mL)。

以两次实验结果的算术平均值作为测定值，如两次实验结果相差大于 0.02 g/cm^3 时，应重新取样进行实验。

7. 实验操作注意事项

(1) 控制好粉料的烘干温度。

(2) 控制好李氏瓶煤油浸入水中的刻度。

(3) 控制好每次读数时间和准确度。

8. 思考题

采用李氏瓶法所测得的密度是堆积密度、表观密度还是绝对密度？

实验 1.1.2　表观密度

1. 实验目的与要求

(1) 了解材料表观密度的概念。

(2) 熟悉表观密度测定的具体操作方法。

2. 实验原理

表观密度是指材料在自然状态下,单位体积所具有的质量。依据《建设用卵石、碎石》(GB/T 14685—2011)进行实验。

3. 实验设备、用品与试样

鼓风烘箱:能使温度控制在(105±5)℃;天平:称量 20 kg,感量 20 g;方孔筛:5.00 mm 筛一只;广口瓶:1 000 mL,磨口,带玻璃片;托盘;毛刷;温度计;石。

4. 实验操作步骤

(1) 将试样浸水饱和,然后装入广口瓶中,装试样时,广口瓶倾斜放,注入饮用水。用玻璃片覆盖瓶口,以上下左右摇晃的方法排除气泡。

(2) 气泡排净后,向瓶中添加水至水面凸出瓶口边缘,然后用玻璃片沿瓶口迅速滑行,使其紧贴瓶口水面。

(3) 擦干瓶外壁水分,称出其质量 m_1,精确到 1 g。

(4) 将瓶中试样倒入浅盘中,在烘箱中于(105±5)℃烘干至恒重,称出其质量 m_0,精确到 1 g。

(5) 向广口瓶中重新注入饮用水(用玻璃片紧贴瓶口水面,擦干瓶外壁水分,称出其质量 m_2,精确到 1 g。

5. 实验过程记录

表 1-2　样品测试记录

次数	m_0/g	m_1/g	m_2/g
1			
2			
3			
4			

6. 实验结果计算

(1) 石的表观密度按式(1-2)计算,精确至10 kg/m³。

$$\rho_0=\left(\frac{m_0}{m_0+m_2-m_1}-\alpha_1\right)\times 100\% \tag{1-2}$$

式中 ρ_0——表观密度(kg/m³);

m_0——烘干试样的质量(g);

m_1——试样、水、广口瓶和玻璃片的总质量(g);

m_2——水、广口瓶和玻璃片的总质量(g);

α_1——水温对砂的表观密度影响的修正系数。

(2) 表观密度取两个试样的实验结果算术平均值,如两次结果之差超大于20 kg/m³时,须重新实验。

7. 实验操作注意事项

(1) 称量过程中,应擦干瓶外壁水分。

(2) 取样过程中,应避免试样损失。

8. 思考题

密度和表观密度有何区别?

实验1.1.3 吸水率

1. 实验目的与要求

(1) 掌握材料吸水率测定的原理和方法。

(2) 熟悉吸水率测定的具体操作。

(3) 验证水对材料力学性能的影响。

2. 实验原理

吸水率是指在规定条件下,试样最大的吸水质量与未吸水时试样的质量之比,以百分率表示。岩石吸水率依据《公路工程岩石试验规程》(JTG E41—2005 T 0205—2005)进行测试。

3. 实验设备、用品与原料

干燥箱、烧杯、天平、锯齿、石料。

4. 实验操作步骤

(1) 将石料试件加工成直径和高均为50 mm的圆柱体或边长为50 mm的立方体试件;

如采用不规则试件，其边长不少于 40～60 mm，每组试件至少 3 个，石质组织不均匀者，每组试件不少于 5 个。用毛刷将试件洗涤干净并编号。

(2) 将试件置于烘箱中，以(100±5) ℃的温度烘干至恒重。在干燥器中冷却至室温后用天平称其质量 m_1(g)，精确至 0.01 g(下同)。

(3) 将试件放在盛水容器中，在容器底部可放些垫条如玻璃管或玻璃杆，使试件底面与盆底不致紧贴，使水能够自由进入。

(4) 加水至试件高度的 1/4 处；以后每隔 2 h 分别加水至高度的 1/2 和 3/4 处；6 h 后将水加至高出试件顶面 20 mm 以上，并再放置 48 h 让其自由吸水。这样逐次加水能使试件孔隙中的空气逐渐逸出。

(5) 取出试件，用湿纱布擦去表面水分，立即称其质量 m_2(g)。

5. 实验数据记录

试件质量记录于表 1-3 中。

表 1-3　试件质量记录

测试	试件质量 m_1/g	试件质量 m_2/g
1		
2		
3		

6. 实验结果的计算

(1) 按式(1-3)计算石料吸水率(精确至 0.01%)。

$$W_x = \frac{m_2 - m_1}{m_1} \times 100 \tag{1-3}$$

式中　W_x——石料吸水率(%)；

m_1——烘干至恒重时试件的质量(g)；

m_2——吸水至恒重时试件的质量(g)。

(2) 组织均匀的试件，取 3 个试件实验结果的平均值作为测定值；组织不均匀的试件，则取 5 个试件实验结果的平均值作为测定值。

7. 实验操作注意事项

(1) 控制好石料加工和清洗。

(2) 控制好烘箱的温度。

(3) 控制好试件表面水分的擦洗。

8. 思考题

(1) 试件吸水率与材料孔隙率有何关系?

(2) 试件吸水率与材料力学性能有何关系?

实验1.2　水泥基础实验

实验1.2.1　水泥细度测定

1. 实验目的与要求

(1) 通过实验来检验水泥的粗细程度，作为评定水泥质量的依据之一。

(2) 掌握《水泥细度检验方法筛析法》(GB/T 1345—2005)的测试方法。

(3) 正确使用所有仪器与设备，并熟悉其性能。

2. 实验原理

本方法是采用45 μm和80 μm方孔筛对水泥试样进行筛析实验，用筛上筛余物的质量百分数来表示水泥样品的细度。依据《水泥细度检验方法筛析法》(GB/T 1345—2005)进行实验。

3. 实验设备、用品与原料

实验筛、负压筛析仪、水筛架、喷头、天平、水泥。

4. 实验操作步骤

(1) 试样制备。

水泥样品需具有代表性，且通过0.9 mm方孔筛过筛。

(2) 实验步骤。

① 负压筛法。

a. 筛析实验前，应把负压筛放在筛座上，盖上筛盖，接通电源，检查控制系统，调节负压至4 000～6 000 Pa范围内。

b. 称取试样25 g，置于洁净的负压筛中。盖上筛盖，放在筛座上，开动筛析仪连续筛析2 min，在此期间如有试样附着于筛盖上，可轻轻地敲击，使试样落下。筛毕，用天平称量筛余物。

c. 当工作负压小于4 000 Pa时，应清理吸尘器内水泥，使负压恢复正常。

② 水筛法。

a. 筛析实验前，应检查水中无泥、砂，调整好水压及水筛架的位置，使其能正常运转。喷头底面和筛网之间的距离为35～75 mm。

b. 称取试样50 g，置于洁净的水筛中，立即用洁净的水冲洗至大部分细粉通过后，放在水筛架上，用水压为(0.05±0.02) MPa的喷头连续冲洗3 min。

c. 筛毕，用少量水把筛余物冲至蒸发皿中，等水泥颗粒全部沉淀后小心将水倾出，烘干并用天平称量筛余物。

5. 实验数据记录

实验数据记录于表1-4中。

表 1-4 实验记录

次数	水泥试样质量/g	水泥筛余物质量/g	筛余百分数/%
1			
2			
平均			

6. 实验结果计算

水泥细度按试样筛余百分数(精确至 0.1%)计算。

$$F=\frac{R_s}{W}\times 100 \tag{1-4}$$

式中 F——水泥试样的筛余百分数(%);

R_s——水泥筛余物的质量(g);

W——水泥试样的质量(g)。

7. 实验操作注意事项

(1) 实验前要检查被测样品,不得受潮、结块或混有其他杂质。

(2) 实验前应将带盖的干筛放在干筛座上,接通电源,检查负压、密封情况和控制系统等一切正常后,方能开始正式实验。

(3) 实验时,当负压小于 4 000 Pa 时,应清理吸尘器内水泥,使负压恢复正常。

(4) 每做完一次筛析实验,应用毛刷清理一次筛网,以防筛网被堵塞。

(5) 水泥样品应充分拌匀,通过 0.9 mm 方孔筛,记录筛余物情况。

8. 思考题

(1) 什么是水泥细度? 如何判定水泥细度是否符合现行国家标准?

(2) 筛分仪负压的范围应控制在多少? 负压小于 4 000 Pa 时应检查什么部位?

实验 1.2.2 标准稠度用水量测定

1. 实验目的与要求

(1) 通过实验测定水泥净浆达到水泥标准稠度(统一规定的浆体可塑性)时的用水量,作为水泥凝结时间、安定性实验用水量之一。

(2) 掌握《水泥标准稠度用水量、凝结时间、安定性检验方法》(GB 1346—2011)的测试方法,正确使用仪器设备,并熟悉其性能。

2. 实验原理

标准稠度用水量是指水泥净浆以标准方法测定,在达到统一规定的浆体可塑性时所需

加的用水量，水泥的凝结时间和安定性都和用水量有关，因而此测定可消除实验条件的差异，有利于比较，同时为进行凝结时间和安定性实验做好准备。依据《水泥标准稠度用水量、凝结时间、安定性检验方法》(GB 1346—2011)的测试方法进行实验。

3. 实验设备、用品与原料

水泥净浆搅拌机、标准法维卡仪、天平、量筒、水泥。

4. 实验操作步骤

(1) 试样制备。

① 水泥样品应充分拌匀，通过0.9 mm方孔筛，并记录筛余物情况，应防止过筛时混进其他水泥。

② 实验用水必须是清洁淡水，若有争议时，可用蒸馏水。

(2) 实验步骤。

① 标准法。

a. 实验前检查：仪器金属棒应能自由滑动，搅拌机运转正常等。

b. 调零点：将标准稠度试杆装在金属棒下，调整至试杆接触玻璃板时指针对准零点。

c. 水泥净浆制备：用湿布将搅拌锅和搅拌叶片擦一遍，将拌和用水倒入搅拌锅内，然后在5～10 s内小心将称量好的500 g水泥试样加入水中(按经验找水)；拌和时，先将锅放到搅拌机锅座上，升至搅拌位置，启动搅拌机，慢速搅拌120 s，停拌15 s，同时将叶片和锅壁上的水泥浆刮入锅中，接着快速搅拌120 s后停机。

d. 标准稠度用水量的测定：拌和完毕，立即将水泥净浆一次装入已置于玻璃板上的圆模内，用小刀插捣、振动数次，刮去多余净浆；抹平后迅速放到维卡仪上，并将其中心定在试杆下，降低试杆直至与水泥净浆表面接触，拧紧螺丝，然后突然放松，让试杆自由沉入净浆中。以试杆沉入净浆并距底板(6±1)mm的水泥净浆为标准稠度净浆。其拌和用水量为该水泥的标准稠度用水量，按水泥质量百分比计。升起试杆后立即擦净。整个操作应在搅拌后1.5 min内完成。

② 代用法。

a. 仪器设备检查：稠度仪金属滑杆能自由滑动，搅拌机能正常运转等。

b. 调零点：将试锥降至锥模顶面位置时，指针应对准标尺零点。

c. 水泥净浆制备：同标准法。

d. 标准稠度用水量的测定：有固定水量法和调整水量法两种，可选用任一种方法测定，如有争议时，以调整水量法为准。

· 固定水量法：拌和用水量为142.5 mL。拌和结束后，立即将拌和好的净浆装入锥模，用小刀插捣，振动数次，刮去多余净浆；抹平后放到试锥下面的固定位置上，调整金属棒使锥尖接触净浆并固定松紧螺丝1～2 s，然后突然放松，让试锥垂直自由地沉入水泥净浆中。在试锥停止下沉或释放试锥30 s时记录试锥下沉深度。整个操作应在搅拌后1.5 min内完成。

· 调整水量法：拌和用水量按经验找水。拌和结束后，立即将拌和好的净浆装入锥模，用小刀插捣、振动数次，刮去多余净浆；抹平后放到试锥下面的固定位置上，调整金属棒使锥尖接触净浆并固定松紧螺丝 1～2 s，然后突然放松，让试锥垂直自由地沉入水泥净浆中。当试锥下沉深度为(28±2) mm 时的净浆为标准稠度净浆，其拌和用水量即为标准稠度用水量，按水泥质量的百分比计。

5. 实验数据记录

实验数据记录于表 1-5 中。

表 1-5　标准稠度用水量实验记录

项目	水泥质量/g	下沉深度/mm	用水量/mL
1			
2			
平均			

6. 实验结果计算

(1) 标准法。

以试杆沉入净浆并距底板(6±1) mm 的水泥净浆为标准稠度净浆。其拌和用水量为该水泥的标准稠度用水量，以水泥质量的百分比计。如超出范围，须另称试样，调整水量，重做实验，直至达到(28±2) mm 时为止。

(2) 代用法。

① 用固定水量方法测定时，根据测得的试锥下沉深度 S(mm)，可从仪器上对应标尺读出标准稠度用水量或按下面的经验公式计算其标准稠度用水量 P(%)。

$$P = 33.4 - 0.185S \tag{1-5}$$

当试锥下沉深度小于 13 mm 时，应改用调整水量方法测定。

② 用调整水量方法测定时，以试锥下沉深度为(28±2) mm 时的净浆为标准稠度净浆，其拌和用水量为该水泥的标准稠度用水量，以水泥质量百分数计。

如下沉深度超出范围，须另称试样，调整水量，重新实验，直至达到(28±2) mm 为止。

7. 实验操作注意事项

(1) 试杆(或试锥)应表面光滑，试锥尖完整无损且无水泥砂浆或杂物充塞。

(2) 圆模(或锥模)放在仪器底座固定位置时，试杆(或试锥)锥尖应对着圆模(或锥模)的中心。

(3) 净浆拌好后，应用小刀将附着在锅壁的净浆刮下，并人工拌和数次后再装模。

(4) 装模时要用小刀从模中心线开始分两下刮去多余的净浆，然后一次抹平，迅速放到试杆(或试锥)下固定位置上测定。从装模到测量完毕，必须在 1.5 min 内完成。

8. 思考题

用调整水量法测定时，试锥下沉深度范围应控制在多少？

实验 1.2.3　凝结时间测定

1. 实验目的与要求

(1) 测定水泥达到初凝和终凝所需的时间(凝结时间以试针沉入水泥标准稠度净浆至一定深度所需时间表示),用以评定水泥的质量。

(2) 掌握《水泥标准稠度用水量、凝结时间、安定性检验方法》(GB 1346—2011)的测试方法,正确使用仪器设备。

2. 实验原理

水泥凝结:水泥和水以后,发生一系列物理与化学变化。随着水泥水化反应的进行,水泥浆体逐渐失去流动性、可塑性,进而凝固成具有一定强度的硬化体,这一过程称为水泥的凝结。关于水泥凝结时间,在工程应用上需要测定其标准稠度净浆的初凝时间和终凝时间。

凝结反常:有两种不正常的凝结现象,即假凝(黏凝)和瞬凝(急凝)。①假凝特征:水泥和水后的几分钟内就发生凝固,且没有明显的温度上升现象。②瞬凝特征:水泥和水后浆体很快凝结成为一种很粗糙、和易性差的混合物,并在大量的放热情况下凝固。

依据《水泥标准稠度用水量、凝结时间、安定性检验方法》(GB 1346—2011)的测试方法进行实验。

3. 实验设备、用品与原料

标准法维卡仪、水泥净浆搅拌机、湿气养护箱、水泥。

4. 实验操作步骤

(1) 试样制备。

① 水泥样品应充分拌匀,通过 0.9 mm 方孔筛,并记录筛余物情况,应防止过筛时混进其他水泥。

② 实验用水必须是清洁淡水,若有争议时,可用蒸馏水。

(2) 实验步骤。

① 实验前准备,将圆模内侧稍涂上一层机油,放在玻璃板上,调整凝结时间测定仪的试针接触玻璃板时,指针应对准标准尺零点。

② 以标准稠度用水量的水,按测标准稠度用水量的方法制成标准稠度水泥净浆后,立即一次装入圆模,振动数次刮平,然后放入湿气养护箱内,记录开始加水的时间作为凝结时间的起始时间。

③ 试件在湿气养护箱内养护至加水后 30 min 时进行第一次测定。测定时,从养护箱中取出圆模放到试针下,使试针与净浆面接触,拧紧螺丝 1～2 s 后突然放松,试针垂直自由沉入净浆,观察试针停止下沉时指针的读数。临近初凝时,每隔 5 min 测定一次,当试针沉至距底板(4±1) mm 时即为水泥达到初凝状态。

④ 初凝测出后,立即将试模连同浆体以平移的方式从玻璃板上取下,翻转 180°,直径大

端向上、小端向下，放在玻璃板上，再放入湿气养护箱中养护。

⑤ 取下测初凝时间的试针，换上测终凝时间的试针。

⑥ 临近终凝时，每隔 15 min 测一次，当试针沉入净浆 0.5 mm 时，即环形附件开始不能在净浆表面留下痕迹时，即水泥达到终凝状态。

⑦ 分别记录由开始加水至达到初凝、终凝状态的时间，即该水泥的初凝时间和终凝时间，用小时(h)和分钟(min)表示。

5. 实验数据记录

凝结时间记录于表 1-6 中。

表 1-6　凝结时间实验记录

次数	起始时间	初凝时间	终凝时间
1			
2			
3			
4			

6. 实验结果的确定与评定

(1) 自加水起至试针沉入净浆中距底板(4±1) mm 时，所需的时间为初凝时间；至试针沉入净浆中不超过 0.5 mm(环形附件开始不能在净浆表面留下痕迹)时所需的时间为终凝时间。

(2) 达到初凝或终凝状态时应立即重复测一次，当两次结论相同时才能定为达到初凝或终凝状态。

评定方法：将测定的初凝时间、终凝时间结果与国家规范中的凝结时间相比较，可判断其合格与否。

7. 实验操作注意事项

(1) 试针要垂直，表面光滑，顶端应为平面。

(2) 测定凝结时间所用的净浆必须是标准稠度净浆。

(3) 最初测定凝结时间时，应轻轻持金属棒，使其徐徐下降，防止撞弯试针。

(4) 测量时，试针沉入净浆的位置距圆模内壁至少大于 10 mm。

(5) 每次测量时，不能让试针落入原孔，测得结果应以两次测量都合格为准。

8. 思考题

如何判断初凝时间和终凝时间的终点?

实验 1.2.4 安定性测定

1. 实验目的与要求

(1) 测定水泥的安定性,正确评定水泥的体积安定性。

(2) 掌握《水泥标准稠度用水量、凝结时间、安定性检验方法》(GB 1346—2011)的测试方法,正确使用仪器设备。

2. 实验原理

安定性是指水泥硬化后体积变化的均匀性情况。安定性的测定方法有雷氏法和试饼法,有争议时以雷氏法为准。

(1) 雷氏法:观测两个试针相对位移所指示的水泥标准稠度净浆体积膨胀的程度。

(2) 试饼法:观测水泥标准稠度净浆试饼的外形变化程度。

依据《水泥标准稠度用水量、凝结时间、安定性检验方法》(GB 1346—2011)进行检测。

3. 实验设备、用品与原料

沸煮箱、雷氏夹、雷氏夹膨胀值测定仪、水泥净浆搅拌机、标准法维卡仪、天平、量筒、水泥。

4. 实验操作步骤

(1) 试样制备。

① 水泥样品应充分拌匀,通过 0.9 mm 方孔筛,并记录筛余物情况,应防止过筛时混进其他水泥。

② 实验用水必须是清洁淡水,若有争议时,可用蒸馏水。

(2) 实验步骤。

① 测定前的准备工作。若采用试饼法,一个样品需要准备两块约 100 mm×100 mm 的玻璃板;若采用雷氏法,每个雷氏夹需配备两块质量为 75～85 g 的玻璃板。凡与水泥净浆接触的玻璃板和雷氏夹表面都要稍稍涂上一薄层机油。

② 水泥标准稠度净浆的制备。以标准稠度用水量加水,按前述方法制成标准稠度水泥净浆。

③ 成型方法。

a. 试饼成型。将制好的净浆取出一部分分成两等份,使之成球形,放在预先准备好的玻璃板上,轻轻振动玻璃板,并用湿布擦过的小刀由边缘向中间抹动,做成直径为 70～80 mm、中心厚约 10 mm、边缘渐薄、表面光滑的试饼,然后将试饼放入湿气养护箱内养护(24±2) h。

b. 雷氏夹试件成型。将预先准备好的雷氏夹放在已稍擦油的玻璃板上,并立即将已制好的标准稠度净浆装满试模,装模时一只手轻轻扶持试模,另一只手用宽约 10 mm 的小刀插捣 15 次左右,然后抹平,盖上稍涂油的玻璃板,接着立即将试模移至湿气养护箱内养护(24±2) h。

④ 沸煮。

a. 调整沸煮箱内的水位，使试件能在整个沸煮过程中浸没在水里，并在煮沸的中途不需添补实验用水，同时又保证能在(30±5) min 内升至沸腾。

b. 脱去玻璃板取下试件，先测量雷氏夹指针尖端间的距离，精确到 0.5 mm，接着将试件放入沸煮箱水中的试件架上，指针朝上，试件之间互不交叉，然后在(30±5) min 内加热至沸，并恒沸 3 h±5 min。沸煮结束，即放掉箱中的热水，打开箱盖，待箱体冷却至室温，取出试件进行判别。

5. 实验数据记录

安定性实验数据记录于表 1-7 中。

表 1-7　安定性实验记录

次数	试饼法	雷氏法
1		
2		
平均		
评定结果		

6. 实验结果的判别

(1) 试饼法判别。目测试饼未发现裂缝，用直尺检查也没有弯曲时，则水泥的安定性合格，反之为不合格。若两个判别结果有矛盾时，该水泥的安定性为不合格。

(2) 雷氏夹法判别。测量试件指针尖端间的距离，记录至小数点后 1 位，当两个试件煮后增加距离的平均值不大于 5.0 mm 时，即认为该水泥安定性合格，否则为不合格。当两个试件沸煮后的差值超过 4.0 mm 时，应用同一样品立即重做一次实验。再如此，则认为该水泥安定性不合格。

7. 实验操作注意事项

(1) 检验用净浆必须是标准稠度净浆。

(2) 试饼法检验水泥的安定性时，必须按规格标准制作试饼。

(3) 雷氏夹试件成型操作时，应用一只手轻轻向下压住两根指针的焊点处，防止装浆时试模在玻璃板上产生移动，但不能用手捏雷氏夹而造成切口边缘重叠。

8. 思考题

为什么有争议时应以雷氏法为准？

实验 1.3　普通混凝土基础实验

实验 1.3.1　砂石筛分析

1. 实验目的与要求

(1) 通过实验测定砂石各号筛上的筛余量，计算出各号筛的累计筛余百分率和砂石的细度模数。

(2) 掌握砂石筛余量测定方法和评定砂石颗粒级配和粗细程度的方法。

2. 实验原理

通过实验，获得砂的级配曲线，即颗粒大小分布情况，判定砂的颗粒级配情况，计算出砂的细度模数，评定砂的规格，并掌握砂颗粒粗细程度和颗粒搭配间的关系，掌握砂质量好坏的判定依据并为拌制混凝土时选用原材料作准备。依据《普通混凝土用砂、石质量及检验方法标准》(JGJ 52—2006)进行实验。

3. 实验设备、用品与原料

鼓风烘箱、天平、方孔筛(孔径为 150 μm，300 μm，600 μm，1.18 mm，2.36 mm，4.75 mm 及 9.50 mm 的筛各一只，并附有筛底和筛盖)、摇筛机、搪瓷盘、毛刷、砂石。

4. 实验操作步骤

(1) 称取试样 500 g，精确到 1 g。将试样倒入按孔径大小从上到下组合的套筛(附筛底)上，然后进行筛分。

(2) 将套筛置于摇筛机上，摇 10 min；取下套筛，按筛孔大小顺序再逐个用手筛，筛至每分钟通过量小于试样总量 0.1%为止。通过的试样并入下一号筛中，并和下一号筛中的试样一起过筛，这样顺序进行，直至各号筛全部筛完为止。

(3) 称出各号筛的筛余量，精确至 1 g，试样在各号筛上的筛余量不得超过按式(1-6)计算的量，超过时应按下列方法之一处理。

$$G=\frac{A\times d^{0.5}}{200} \tag{1-6}$$

式中　G——在一个筛上的筛余量(g)；

A——筛面面积(mm^2)；

d——筛孔尺寸(mm)。

① 将该粒级试样分成少于按式(1-6)计算出的量，分别筛分，并以筛余量之和作为该号筛的筛余量。

② 将该粒级及以下各粒级的筛余混合均匀，称出其质量，精确至 1 g，再用四分法缩分为大致相等的两份，取其中一份，称出其质量，精确至 1 g，继续筛分。计算该粒级及以下各

粒级的分计筛余量时应根据缩分比例进行修正。

5. 实验数据记录

砂石筛分析实验数据记录于表1-8中。

表1-8　砂石筛分析实验记录

筛孔尺寸/mm	试样1			试样2		
	分计筛余/g	分计筛余/%	累计筛余/%	分计筛余/g	分计筛余/%	累计筛余/%
5.0						
2.5						
1.25						
0.63						
0.315						
0.16						
筛底						

6. 实验结果计算与评定

(1) 计算分计筛余百分率。各号筛上的筛余量与试样总质量之比，计算精确至0.1%。

(2) 计算累计筛余百分率。该号筛的筛余百分率加上该号筛以上各筛余百分率之和，计算精确至0.1%。筛分后，如每号筛的筛余量与筛底的剩余量之和同原试样质量之差超过1%，须重新实验。

(3) 砂的细度模数M_x可按式(1-7)计算，精确至0.01。

$$M_x=\frac{(A_2+A_3+A_4+A_5+A_6)-5A_1}{100-A_1} \tag{1-7}$$

式中　M_x——细度模数；

α_1，α_2，α_3，α_4，α_5，α_6——4.75 mm，2.36 mm，1.18 mm，600 μm，300 μm，150 μm筛的累积筛余。

(4) 累计筛余百分率取两次实验结果的算术平均值，精确至1%。细度模数取两次实验结果的算术平均值，精确至0.1；如两次实验的细度模数之差大于0.20时，须重新实验。

根据累计筛余百分率对照表1-9，确定该砂所属的级配区。

表1-9　累计筛余百分率对照

筛孔尺寸	级配区		
	1	2	3
9.50 mm	0	0	0
4.75 mm	0～10	0～10	0～10

（续表）

筛孔尺寸	级配区		
	1	2	3
2.36 mm	5～35	0～25	0～15
1.18 mm	35～65	10～50	0～25
600 μm	71～85	41～70	16～40
300 μm	80～95	70～92	55～85
150 μm	90～100	90～100	90～100

注：1. 砂的实际颗粒级配与表中所列数字相比，除 4.75 mm 和 600 μm 筛档外，可以略有超出，但超出总量应小于 5%。
2. 1 区人工砂中 150 μm 筛孔的累计筛余可以放宽到 85～100，2 区人工砂中 150 μm 筛孔的累计筛余可以放宽到 80～100，3 区人工砂中 150 μm 筛孔的累计筛余可以放宽到 75～100。

7. 实验操作注意事项

（1）四分法缩取试样。用分料器直接缩分或人工四分法缩分。将取回的砂试样拌匀后摊成厚度约 20 mm 的饼状，在其上划十字线，分成大致相等的四份，取其对角线的两份混合后，再按同样的方法持续进行，直至缩分后的材料量略多于实验所需的数量为止。

（2）实验前后质量偏差。实验前后质量总计与实验前相比误差不得超过 1%，否则重新实验。

（3）因课堂时间、操作进度等原因，实验的步骤与标准方法中有所差异。《建设用砂》(GB/T 14684—2011)中规定，砂筛分析每个试样摇筛时间为 10 min。

8. 思考题

（1）比较各组实验结果，分析差异及影响因素。

（2）如何对砂筛分实验的结果进行评价和判定？

实验 1.3.2　普通混凝土拌和物和易性测定

1. 实验目的与要求

（1）该实验的目的是确定最大骨料尺寸为 37.5 mm 以下、坍落度值为 10 mm 以上的塑性混凝土混合物的坍落度，并评估混凝土混合物的内聚强度和保水性。它为配合比设计和混凝土配合比质量评估提供了基础。

（2）了解《普通混凝土拌合物性能试验方法标准》(GB/T 50080—2016)的试验方法，正确使用设备，熟悉其性能。

2. 实验原理

为了控制混凝土工程质量，检验混凝土拌和物的各种性能及质量和流变特征，要求统一遵循混凝土拌和物性能试验方法，从而对工业与民用建筑和一般构筑物中所适用普通混凝土拌和物的基本性能进行检验。

依据《普通混凝土拌合物性能试验方法标准》(GB/T 50080—2016)进行试验。

3. 实验设备、用品与原料

坍落度筒、漏斗、捣棒、铁铲、直尺、抹布、混凝土拌和料。

4. 实验操作步骤

(1) 实验准备。

实验前,将坍落度筒内外洗净并保持湿润,放在润湿过的钢板上,并在筒顶部加上装料漏斗,然后用脚踩住两个脚踏板,使坍落度筒在装料时保持位置固定。

此项实验需拌制混凝土拌和物约 15 L,故实验前,应先算出各材料用量,并按标准方法拌制混凝土拌和物试样。

(2) 实验步骤。

① 坍落度测定实验。

a. 用湿布清洁并润滑混合板和坍落度缸的内部和外部。在圆柱体的顶部添加一个漏斗,并将其放置在混合板上。用两只脚用力踩下踏板已锁定位置。

b. 用刮刀将混合的材料均匀地倒入 3 层桶中。每层高度约为插入后滚筒高度的1/3。加载顶层时,混合物必须高于圆柱体的顶层。如果在夯实过程中样品掉到桶口以下,则应随时添加样品,以使样品从桶顶部一直到末端。使用夯实棒,每层插入 25 次。

c. 应该沿着从边缘到中心的螺旋线在整个区域进行夯实。当撞锤插入枪管侧面时,将夯锤稍微倾斜,然后将撞锤插入中心。插入每一层时,需要在下面一层的表面上点击它。

d. 插入并夯实后,取下漏斗和抹子多余的混合物,使其与圆柱体顶部齐平。刮掉圆筒周围混合板上的碎屑。

e. 小心地按对角线抬起坍落度筒。升空过程在 5～10 s 内完成。将圆柱体放置在混合物样品旁边,并测量坍落度筒筒口和坍塌后混合物的最高点之间的高度差(mm,读数精确到 5 mm),此即混合物的坍落度。从开始装载到坍落度筒的抬起,所需时间不到 150 s。

f. 如果在抬起坍落度筒后样品的一侧被压碎或损坏,请重新取样并测试样品。如果第二次出现此现象,则表示混合物不易处理,需要记录。

g. 对于同时混合的混凝土混合物,有必要测量两次坍落度,并将平均值作为测量值。每次都需要更改新的混合物。如果两个结果之间的差异大于 20 mm,则需要进行第三次测试。如果第三个结果与前两个结果相比仍大于 20 mm,则将重复整个测试。

h. 拌和物坍落度调整:

· 坍落度小于要求,而满足其他要求,保持水灰比不变,增加水泥和水的用量并相应减少砂石的用量(砂率不变)。

· 如果坍落度超过要求并满足其他要求,则保持水灰比不变,减少水泥和水的用量,增加砂石的含量(百分比不变)。

· 适当的坍落度,降低内聚力和保水性,增加砂的比例(不改变砂和石材的总量,增加砂的使用量,减少石材的量)。

· 过多的砂浆会导致坍落度过大并降低砂子的比例(不改变砂子和石头的总量,不会减少砂子的使用并增加石材的使用)。

② 拌和物黏聚性测定。

用捣棒在已坍落的拌和物椎体侧面轻轻击打,如果椎体逐渐下沉,表示黏聚性良好;如果突然倒塌,部分崩裂或石子离析,即为黏聚性不好。

③ 拌和物保水性测定。

提起坍落度筒后,如有较多的水泥浆从底部析出,椎体部分的拌和物也因失浆而骨料外露,则表明保水性不好。如无这种现象,则表明保水性良好。

5. 实验数据记录

和易性测定实验数据记录于表 1-10 中。

表 1-10　和易性测定实验记录

测定日期

顺序	材料用量/kg				测定结果			
	水泥	砂子	石子	水	坍落度	黏聚性	保水性	是否符合要求
调整前								
第一次调整后								
第二次调整后								

6. 实验操作注意事项

(1) 实验前,将坍落度筒内外洗净并保持湿润,放在润湿过的钢板上。

(2) 将混凝土试样装入坍落度筒的过程中,必须用双脚踩住筒底踏脚以免试样漏出。

(3) 测量筒口与坍落后混凝土试样最高点之间的高度差时,目光视角应与刻度保持在同一水平线上。

(4) 实验完成后,做好实验室清洁、整理工作。

(5) 从开始装料到提起坍落度筒的整个过程,应不间断地进行,并应在 150 s 内完成。

(6) 如条件允许,整个实验过程要佩戴手套、实验服和实验鞋。

7. 思考题

(1) 影响混凝土坍落度的因素有哪些?

(2) 混凝土坍落度的大小对具体工程有什么影响?

实验 1.3.3　混凝土强度测定

1. 实验目的与要求

(1) 了解并掌握混凝土的强度指标。

(2) 学会抗压实验的测量方法。

(3) 掌握混凝土立方体强度值是否符合普通混凝土拌和物相关标准的评定要求。

2. 实验原理

根据混凝土立方体抗压强度可以评定混凝土强度等级。

参照《普通混凝土拌合物性能试验方法标准》(GB/T 50080—2016)及《混凝土强度检验评定标准》(GB/T 50107—2010)进行试验。

3. 实验设备、用品与原料

模具、振动台、液压万能试验机、抗折实验装置、混凝土。

4. 实验操作步骤

(1) 试件的制作。

① 每一组试件所用的拌和物根据不同要求应从同一盘或同一车运送的混凝土中取出,或用试验机械或人工单独拌制。用以检验现浇混凝土工程或预制构件质量的试件分组及取样原则,应按有关规定执行。

② 试件制作前,应将试模擦拭干净并将试模的内表面涂以一薄层矿物油脂。

③ 坍落度不大于 70 mm 的混凝土宜用振动台振实。将拌和物一次装入试模,并稍有富余,然后将试模放在振动台上。开动振动台振动至拌和物表面出现水泥浆时为止,记录振动时间。振动结束后用镘刀沿试模边缘将多余的拌和物刮去,并随即用镘刀将表面抹平。

坍落度大于 70 mm 的混凝土,宜用人工捣实。混凝土拌和物分两层装入试模,每层厚度大致相等。插捣时按螺旋方向从边缘向中心均匀进行。插捣底层时,捣棒应达到试模底面,插捣上层时,捣棒应穿入下层深度 20～30 mm。插捣时捣棒保持垂直不得倾斜,并用抹刀沿试模内壁插入数次,以防止试件产生麻面。每层插捣次数见表 1-11,一般每 100 cm^2 面积应不少于 12 次。然后刮除多余混凝土,并用镘刀抹平。

表 1-11　混凝土试件每层的插捣次数

试件尺寸/mm×mm×mm	骨料最大粒径/mm	每层插捣次数/次	抗压强度换算系数
100×100×100	30	12	0.95
150×150×150	40	25	1.0
200×200×200	60	50	1.05

(2) 试件的养护。

① 采用标准养护的试件成型后应覆盖表面,以防止水分蒸发,并应在温度为(20±5) ℃情况下静置一昼夜至两昼夜,然后编号拆模。

拆模后的试件应立即放在温度为(20±3) ℃、湿度为 90%以上的标准养护室中养护。在标准养护室内试件应放在架上,彼此间隔为 10～20 mm,并应避免用水直接冲淋试件。

② 无标准养护室时,混凝土试件可在温度为(20±3) ℃的不流动水中养护。水的 pH

不应小于7。

③ 与构件同条件养护的试件成型后，应覆盖表面。试件的拆模时间可与实际构件的拆模时间相同。拆模后，试件仍需保持同条件养护。

(3) 实验操作步骤。

本实验包括试件的制备、试件的养护、抗压强度实验和实验结果计算四方面的内容。针对不同条件，采取的实验步骤如下：

① 抗压强度实验。

a. 试件自养护室取出后，应尽快进行实验。将试件表面擦拭干净并量出其尺寸(精确至1 mm)，据以计算试件的受压面积A(mm)。

b. 将试件安放在下承压板上，试件的承压面应与成型时的顶面垂直。试件的中心应与试验机下压板中心对准。开动试验机，当上压板与试件接近时，调整球座，使接触均衡。

c. 加压时，应连续而均匀地加荷，加荷速率应为：当混凝土强度等级低于C30时，取0.3～0.5 MPa/s；当混凝土强度等级不低于C30时，取0.5～0.8 MPa/s。当试件接近破坏而开始迅速变形时，停止调整试验机油门，直至试件破坏。记录破坏荷载P(N)。

② 混凝土劈裂抗拉强度实验。

a. 试件从养护室中取出后，应及时进行实验，在实验前试件应保持与原养护地点相似的干湿状态。

b. 先将试件擦干净，在试件侧面中部画线定出劈裂面的位置，劈裂面应与试件成型时的顶面垂直。

c. 量出劈裂面的边长(精确至1 mm)，计算出劈裂面面积A (mm)。

d. 将试件放在压力机下压板的中心位置。在上下压板与试件之间加垫层和垫条，使垫条的接触母线与试件上的荷载作用线准确对齐(图1-1)。

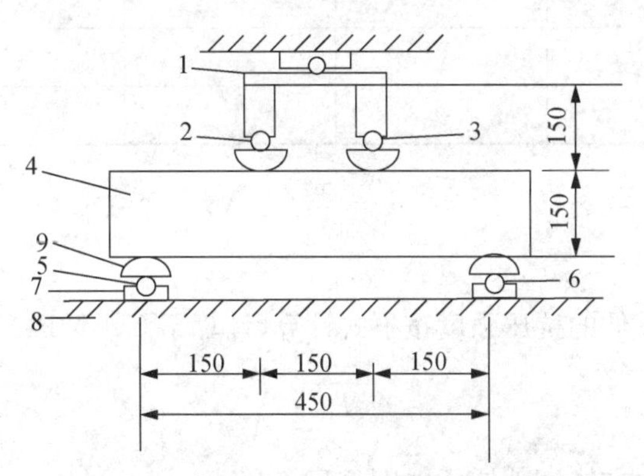

1，2，6—一个钢球；3，5—两个钢球；4—试件；
7—活动支座；8—机台；9—活动船形垫块

图1-1　抗折实验装置(单位:mm)

e. 加荷时必须连续而均匀地进行，使荷载通过垫条均匀地传至试件上，加荷速率为：当混凝土强度等级低于C30时，取0.02～0.05 MPa/s；当混凝土强度等级高于或等于C30时，取0.05～0.08 MPa/s。

f. 在试件临近破坏开始急速变形时，停止调整试验机油门，继续加荷直至试件破坏，记录破坏荷载 $P_{(N)}$。

③ 混凝土抗折(抗弯拉)强度实验。

a. 实验前先检查试件，如试件中部 1/3 长度内有蜂窝(大于 ϕ7 mm×2 mm)，该试件应立即作废，并应在记录中注明。

b. 在试件中部量出其宽度和高度，精确至 1 mm。

c. 调整两个可移动支座，使其与试验机下压头中心距离为 225 mm，并旋紧两支座。将试件妥放在支座上，试件成型时侧面朝上，几何对中后，缓缓加一初荷载(约 1 kN)，而后以 0.5～0.7 MPa/s 的加荷速率，均匀而连续地加荷(低强度等级时用较低速度)；当试件接近破坏而开始迅速变形时，应停止调整试验机油门，直至试件破坏，记下最大荷载。

5. 实验数据记录

混凝土强度实验数据记录于表 1-12 中。

表 1-12　混凝土强度实验记录

成型日期		检验日期		龄期	
序号	承压面积/mm^2	破坏荷载/kN	抗压强度/MPa		28 d 龄期标准试件强度值/MPa
配合比 1 ($W/C=$　)					
配合比 2 ($W/C=$　)					

6. 实验结果计算

(1) 抗压强度计算。

① 混凝土立方体试件的抗压强度按下式计算(计算至 0.1 MPa)。

$$f_{cu}=\frac{P}{A} \tag{1-8}$$

式中　f_{cu}——混凝土立方体试件抗压强度(MPa)；

P——破坏荷载(N)；

A——试件承压面积(mm^2)。

② 以 3 个试件测值的算术平均值作为该组试件的抗压强度值(精确至 0.1 MPa)。如果 3 个测定值中的最小值或最大值中有一个与中间值的差值超过中间值的 15%时，则把最大值及最小值一并舍除，取中间值作为该组试件的抗压强度值。如最大值和最小值与中间值相差均超过 15%，则该组试件实验结果无效。

③ 混凝土的抗压强度是以150 mm×150 mm×150 mm的立方体试件的抗压强度为标准，其他尺寸试件的测定结果，均应换算成边长为150 mm的立方体的标准抗压强度，换算时均应分别乘以表1-11中的尺寸换算系数。

(2) 劈裂抗拉强度计算。

① 混凝土劈裂抗拉强度按式(1-9)计算(计算至0.01 MPa)。

$$f_{ts}=\frac{2P}{\pi A}=0.637\times\frac{P}{A} \tag{1-9}$$

式中　f_{ts}——混凝土劈裂抗拉强度(MPa)；

P——破坏荷载(N)；

A——试件劈裂面积(mm^2)。

② 以3个试件测值的算术平均值作为该组试件的劈裂抗拉强度值(精确至0.01 MPa)。如果3个测定值中的最小值或最大值中有一个与中间值的差值超过中间值的15%时，则把最大值及最小值一并舍除，取中间值作为该组试件的抗拉强度值。如最大值和最小值与中间值相差均超过15%，则该组试件实验结果无效。

③ 采用边长为150 mm的立方体试件作为标准试件，如采用边长为100 mm的立方体非标准试件时，测得的强度应乘以尺寸换算系数0.85。

(3) 抗折强度的计算。

① 当断面发生在两个加荷点之间时，抗折强度f_f(以MPa计)按式(1-10)计算。

$$f_f=\frac{FL}{bh^2} \tag{1-10}$$

式中　F——极限荷载(N)；

L——支座间距离，$L=450$ mm；

b——试件宽度(mm)；

h——试件高度(mm)。

② 以3个试件测值的算术平均值作为该组试件的抗折强度值。3个测值中的最大值或最小值中如有一个与中间值的差值超过中间值的15%，则把最大值和最小值一并舍除，取中间值为该组试件的抗折强度。如最大值和最小值与中间值相差均超过15%，则该组试件的实验结果无效。

③ 如断面位于加荷点外侧，则该试件的结果无效，取其余两个试件实验结果的算术平均值作为抗折强度；如有两个试件的结果无效，则该组实验作废。

注：断面位置在试件断块短边一侧的底面中轴线上量得。

④ 采用100 mm×100 mm×400 mm非标准试件时，三分点加荷的实验方法同前，但所取得的抗折强度应乘以尺寸换算系数0.85。

7. 实验操作注意事项

当试件接近破坏而开始迅速变形时，应立即停止，调整试验机油门，直至破坏，然后记录破坏荷载(P)。

8. 思考题

影响混凝土抗压强度的因素有哪些？

实验 1.3.4　砌筑砂浆的性能测定

1. 实验目的与要求

(1) 制作建筑砂浆的抗压试件，测定砂浆的稠度，并对试件进行抗压强度实验。

(2) 通过实验学会设计建筑砂浆配合比和检验现场砂浆质量的基本方法，了解和熟悉有关仪器的工作原理、性能及使用方法。

2. 实验原理

本实验基于《建筑砂浆基本性能试验方法标准》(JGJ/T 70—2009)，该标准为确定建筑砂浆性能、检验或控制建筑砂浆质量时所采用的统一试验方法，也是用于工业与民用建(构)筑物的砌筑、抹灰、地面工程及其他用途的建筑砂浆的基本性能试验方法。

3. 实验设备、用品与原料

砂浆搅拌机、砂浆稠度仪、70.7 mm×70.7 mm×70.7 mm 三联试模、台秤及量筒、黄油、钢制捣棒、拌锅和拌板、水泥、砂等。

4. 砂浆配合比的设计

(1) 砂浆配合比的计算。

砂浆强度标准差 σ 及 k 值的选取根据《砌筑砂浆配合比设计规程》(JGJ/T 98—2010)，见表 1-13。

表 1-13　砂浆强度标准差 σ 及 k 值

强度等级	强度标准差 σ/MPa							k
施工水平	M5	M7.5	M10	M15	M20	M25	M30	
优良	1.00	1.50	2.00	3.00	4.00	5.00	6.00	1.15
一般	1.25	1.88	2.50	3.75	5.00	6.25	7.50	1.20
较差	1.50	2.25	3.00	4.50	6.00	7.50	9.00	1.25

(2) 水泥砂浆配合比选用。

每立方米水泥砂浆材料用量见表 1-14。

表1-14　每立方米水泥砂浆材料用量　　单位:kg/m³

强度等级	水泥	砂	用水量
M5	200～230	砂的堆积密度值	270～330
M7.5	230～260		
M10	260～290		
M15	290～330		
M20	340～400		
M25	360～410		
M30	430～480		

(3) 配合比试配、调整与确定。

试配时应采用工程中实际使用的材料。水泥砂浆、混合砂浆搅拌时间≤120 s;掺加粉煤灰或外加剂的砂浆,搅拌时间≤180 s。按计算配合比进行试拌,测定拌和物的沉入度和分层度,若不能满足要求,则应调整材料用量,直到符合要求为止;由此得到的配合比即基准配合比。

检验砂浆强度时至少应采取三个不同的配合比,其中一个为基准配合比,另外两个配合比的水泥用量比基准配合比分别增加和减少10%,在保证沉入度、分层度合格的条件下,可将用水量或掺合料用量作相应调整。按三组配合比分别成型、养护,测定28 d砂浆强度,由此确定符合试配强度要求的且水泥用量最低的配合比作为砂浆配合比。

砂浆配合比确定后,当原材料有变更时,其配合比必须重新通过实验确定。

5. 实验操作步骤

(1) 试样的制备。

① 砂浆的拌和:按计算出的初步配合比称取各料,用1 000 mL的量筒量取1 000 mL清水备用。将各料倒入砂浆搅拌机的搅拌桶内,开动机器,根据砂浆的稀稠情况逐步加入清水。其间停下机器,取出一部分砂浆测试稠度,若稠度尚未达到要求,则加清水继续搅拌,并再次测定稠度,直至稠度处在要求的范围之内。

② 装模与脱模:在试模的内表面涂上黄油,将试模置于铺有湿纸的普通砖上。将拌和好的砂浆装入试模内,用铁条插捣均匀,15～30 min后抹平并编号。24 h后脱模。

③ 养护:采用自然养护,注意记录养护期间的气温和湿度,龄期达到28 d后进行强度实验。

(2) 稠度测定。

① 将盛浆容器和试锥表面用湿布擦干净,并用少量润滑油轻擦滑杆,然后将滑杆上多余的油用吸油纸擦净,使滑杆能自由滑动。

② 将砂浆拌和物一次装入容器,使砂浆表面低于容器口约10 mm,用捣棒自容器中心向边缘插捣25次,然后轻轻地将容器摇动或敲击5～6下,使砂浆表面平整,随后将容器置于稠度测定仪的底座上。

③ 拧开试锥滑杆的制动螺丝，向下移动滑杆，当试锥尖端与砂浆表面刚接触时，拧紧制动螺丝，使齿条测杆下端刚接触滑杆上端，并将指针对准零点。

④ 拧开制动螺丝，同时计时间，待 10 s 立即固定螺丝，将齿条测杆下端接触滑杆上端，从刻度盘上读出下沉深度(精确至 1 mm)即为砂浆的稠度值。

⑤ 圆锥形容器内的砂浆，只允许测定一次稠度，重复测定时，应重新取样。

⑥ 结果处理及精度要求。取两次实验结果的算术平均值为实验结果测定值，计算值精确至 1 mm。两次实验结果之差，如大于 20 mm，则应另取砂浆搅拌后重新测定。

(3) 分层度测定。

① 将试样一次装入分层度筒内，待装满后，用木槌在容器周围距离大致相等的 4 个不同地方轻轻敲击 1～2 次，如砂浆沉落到低于筒口，则应随时添加，然后刮去多余砂浆，并抹平。

② 按测定砂浆流动性的方法，测定砂浆的沉入度值，以 mm 计。

③ 静置 30 min 后，去掉上面 200 mm 砂浆，剩余的砂浆倒出，放在搅拌锅中拌 2 min。

④ 再按测定流动性的方法，测定砂浆的沉入度，以 mm 计。

⑤ 结果处理及精度要求以前、后两次沉入度之差定为该砂浆的分层度，以 mm 计。

砌筑砂浆的分层度不得大于 30 mm。保水性良好的砂浆，其分层度应为 10～20 mm。分层度大于 20 mm 的砂浆容易离析，不便于施工；但分层度小于 10 mm 者，硬化后易产生干缩裂缝。

(4) 强度检验。

由于本实验只要求了解主要实验过程，故仅用做完和易性实验后的拌和物进行成型、养护和强度检验。实验完毕后，要根据该组试件的抗压强度判断是否达到了设计要求(配制强度)。

(5) 抗压强度的确定。

若其中抗压强度的最大值或最小值与 6 块试件抗压强度的均值之差未超过 6 块试件抗压强度均值的 20%，以 6 块试件抗压强度的均值作为抗压强度；若超过，则以中间 4 块试件抗压强度的均值作为抗压强度。

6. 实验数据记录

砌筑砂浆实验数据记录于表 1-15 中。

表 1-15　砌筑砂浆实验记录

配合比	稠度	分层度	抗压强度

7. 实验操作注意事项

(1) 按取样规则进行取样，确保取样的代表性。

(2) 现场取来的试样，实验前应人工搅拌均匀。

(3) 实验室拌制砂浆时，材料用量应计量精确，按照要求进行机械搅拌。

(4) 从取样完毕到开始进行各项性能实验，时间不宜超过 15 min。

(5) 控制实验室的温度保持在(20±5) ℃。

8. 思考题

(1) 稠度实验数据结果处理有何规定？

(2) 分层度数值大小有何意义？

实验 1.4　沥青基础实验

实验 1.4.1　针入度测定

1. 实验目的与要求

(1) 掌握《沥青针入度测定法》(GB/T 4509—2010),正确使用仪器设备。

(2) 通过测定沥青针入度,可以评定其黏滞性并依据针入度值确定沥青的牌号。

2. 实验原理

沥青的针入度是在规定温度和时间内,在规定的荷载作用下,标准针垂直贯入试样的深度,以 0.1 mm 计,非经注明,实验温度为 25 ℃,荷载(包括标准针、针的连杆与附加砝码的质量)为(100±0.1) g,时间为 5 s。

测定沥青的针入度,可以了解黏稠沥青的黏结性并确定其标号。

依据《沥青针入度测定法》(GB/T 4509—2010)进行实验。

3. 实验设备、用品与原料

针入度仪、标准针、恒温水浴、试样皿、平底玻璃皿、温度计、秒表、石棉筛、可控制温度的砂浴或密闭电炉、沥青。

4. 实验操作步骤

(1) 试样制备。

① 将预先除去水分的试样在砂浴或密闭电炉上加热,并不断搅拌(以防局部过热),加热到使样品能够流动。加热温度不得超过试样估计软化点 100 ℃,加热时间不超过 30 min。加热和搅拌过程中避免试样中进入气泡。

② 将试样倒入预先选好的试样皿内,试样深度应大于预计穿入深度 10 mm。

③ 将试样皿在 15～30 ℃的空气中冷却 1～1.5 h(小试样皿)或 1.5～2 h(大试样皿),在冷却中应遮盖试样皿,以防落入灰尘。然后将试样皿移入保持实验温度的恒温水浴中,水面应高于试样表面 10 mm 以上,恒温 1～1.5 h(小试样皿)或 1.5～2 h(大试样皿)。

(2) 实验步骤。

① 装有试样的盛样器带盖放入恒温烘箱中,当石油沥青中无水分时,烘箱温度宜为软化点温度以上 90 ℃,通常为 135 ℃左右。当石油沥青中含有水分时,将盛样器皿放在可控温的砂浴、油浴、电热套上加热脱水,不得已采用电炉、煤气炉加热脱水时必须加放石棉垫。时间不超过 30 min,并用玻璃棒轻轻搅拌,防止局部过热。在沥青温度不超过 100 ℃的条件下,仔细脱水至无泡沫位置,最后的加热温度不超过软化点以上 100 ℃(石油沥青)或 50 ℃(煤沥青)。用筛孔 0.6 mm 的筛过滤除去杂质。

② 将试样倒入盛样皿中,试样深度应超过预计针入度值 10 mm,并遮盖盛样皿,以防落入灰尘。使其在 15～30 ℃空气中冷却 1～1.5 h(小试样皿)、1.5～2 h(大试样皿)或

2～2.5 h(特殊盛样皿)后移入保持规定实验温度±0.1 ℃的恒温水槽中 1～1.5 h(小试样皿)、1.5～2 h(大试样皿)或 2～2.5 h(特殊盛样皿)。

③ 调整针入度仪的水平，检查针连杆和导轨，以确认无水和其他外来物，无明显摩擦。用三氯乙烯或其他合适的溶剂清洗标准针，用干棉花将其擦干，把标准针插入针连杆中固紧。按实验条件放好附加砝码。

④ 到恒温时间后，取出盛样皿，放入水温控制在实验温度±0.1 ℃的平底玻璃皿中的三脚架上，试样表面以上的水层深度应不少于 10 mm(平底玻璃皿可用恒温浴的水)。

⑤ 将盛有试样的平底玻璃皿置于针入度仪的平台上。慢慢放下针连杆，使针尖刚好与试样表面接触。用放置在合适位置的光源反射来观察，使针尖刚好与试样表面接触。拉下刻度盘的拉杆，使与针连杆顶端轻轻接触，调节刻度盘或深度指示器的指针指示为零。

⑥ 开动秒表，在指针正指 5 s 的瞬时，用手紧压按钮，使标准针自动下落贯入试样，经规定时间，停压按钮使针停止移动。

注：当采用自动针入度仪时，计时与标准针落下贯入试样同时开始，至 5 s 时自动停止。

⑦ 拉下刻度盘拉杆与针连杆顶端接触，此时刻度盘指针或位移指示器的读数准确至 0.5(0.1 mm)。

⑧ 同一试样平行实验至少 3 次，各测定点之间及测定点与盛样皿边缘之间的距离不应小于 10 mm。每次实验后应将盛有盛样皿的平底玻璃皿放入恒温水槽，使平底玻璃皿中的水温保持实验温度。每次实验应换一根干净的标准针或将标准针取下用蘸有三氯乙烯溶剂的棉花或布洗净，再用棉花或布擦干。

⑨ 测定针入度大于 200 的沥青试样时，至少用 3 根针，每次测定后将针留在样品中，直至 3 次测定全部完成后，才能把针从试样中取出。

5. 实验数据记录

沥青针入度实验数据记录于表 1-16 中。

表 1-16　沥青针入度实验记录

<table>
<tr><td colspan="2">试样编号</td><td colspan="4"></td><td>试样来源</td><td colspan="2"></td></tr>
<tr><td colspan="2">试样名称</td><td colspan="4"></td><td>初拟用途</td><td colspan="2"></td></tr>
<tr><td rowspan="6">针入度</td><td rowspan="2">实验次数</td><td rowspan="2">实验温度 T/℃</td><td rowspan="2">实验荷载 m/g</td><td rowspan="2">经历时间 t/s</td><td colspan="2">度盘读数(1/10 mm)</td><td rowspan="2">针入度
(个别值)
$P_i=P_b-P_a$/
[1·(10 mm)$^{-1}$]</td><td rowspan="2">针入度
平均值
P(℃, g, S)/
[1·(10 mm)$^{-1}$]</td></tr>
<tr><td>标准针与试样表面接触时读数 P_a</td><td>标准针经历实验时间后的读数 P_b</td></tr>
<tr><td>1</td><td rowspan="3"></td><td rowspan="3"></td><td rowspan="3"></td><td></td><td></td><td></td><td rowspan="3"></td></tr>
<tr><td>2</td><td></td><td></td><td></td></tr>
<tr><td>3</td><td></td><td></td><td></td></tr>
<tr><td colspan="8">实验精度校核：</td></tr>
</table>

6. 实验结果处理

(1) 同一试样的3次平行实验结果的最大值与最小值之差在下列允许偏差范围内时，计算3次实验结果的平均值，取整数作为针入度实验结果，以0.1 mm计。当实验结果超出表1-17所规定的范围时，应重新进行实验。

表1-17　允许差值

针入度/0.1 mm	0～49	50～149	150～249	250～500
允许差值/0.1 mm	2	4	12	20

(2) 当实验结果小于50(0.1 mm)时，复现性实验的允许差为不超过2(0.1 mm)，复现性实验的允许差为不超过4(0.1 mm)。

(3) 当实验结果等于或大于50(0.1 mm)时，重复性实验的允许差为不超过平均值的4%，复现性实验的允许差为不超过平均值的8%。

7. 实验操作注意事项

(1) 根据沥青的标号选择盛样皿，试样深度应大于预计穿入深度10 mm。不同的盛样皿在恒温水浴中的恒温时间不同。

(2) 测定针入度时，水温应控制在(25±1) ℃，试样表面以上的水层高度不低于10 mm。

(3) 测定针入度时针尖应刚好与试样表面接触，必要时用放置在合适位置的光源反射来观察。使活杆与针连杆顶端相接触，调节针入度刻度盘使指针为零。

(4) 在3次重复测定时，各测定点之间与试样皿边缘之间的距离不应小于10 mm。

(5) 3次平行实验结果的最大值与最小值应在规定的允许值差值范围内，若超过规定差值，实验应重新做。

8. 思考题

沥青的针入度主要反映了沥青的哪些性能?

实验1.4.2　延度测定

1. 实验目的与要求

(1) 通过测定沥青的延度，可以评定其塑性并依延度值确定沥青的牌号。

(2) 掌握《沥青延度测定法》(GB/T 4508—2010)，正确使用仪器设备。

2. 实验原理

沥青的延度是规定形状的试样在规定温度下，以一定速度受拉伸至断开时的长度，以cm表示。测定沥青的延度，可以了解黏稠沥青的延性。根据有关规定，实验温度为(15±0.5) ℃，拉伸速率为(5±0.25)cm/min。

依据《沥青延度测定法》(GB/T 4508—2010)进行实验。

3. 实验设备、用品与原料

延度仪、试模、恒温水浴、温度计、金属筛网、隔离剂、沥青等。

4. 实验操作步骤

(1) 试样制备。

① 将隔离剂拌和均匀，涂于磨光的金属板及侧模的内表面，以防沥青黏在试模上。

② 按针入度测定相同的方法准备沥青试样，待试样呈细流状，自试模的一端至另一端往返注入模中，并使试件略高于试模。

③ 试件在 15～30 ℃的空气中冷却 30～40 min，然后置于规定实验温度的恒温水浴中，保持 30 min 后取出，用热刀将高出试模的沥青刮走，使沥青面与模面齐平。沥青的刮法应自中间向两端，表面应刮得十分平滑。

④ 恒温。将金属板、试模和试件一起放入水浴中，并在实验温度(25±5) ℃下保持 1～1.5 h。

(2) 实验步骤。

① 检查延度仪拉伸速率是否满足要求(一般为 5 cm/ min±0.5 cm/ min)，然后移动滑板使其指针对准标尺的零点。将延度仪水槽注水，并保持水温为实验温度±0.5 ℃。

② 将试件移至延度仪水槽中，然后从金属板上取下试件，将试模两端的孔分别套在滑板及槽端的金属柱上，水面距试件表面应不小于 25 mm，然后去掉侧模。

③ 测得水槽中的水温为实验温度±0.5 ℃时，开动延度仪(此时仪器不得有振动)，观察沥青的拉伸情况。在测定时，如发现沥青细丝浮于水面或沉入槽底时，应在水中加入乙醇或食盐来调整水的密度至与试样的密度相近后，再重新实验。

④ 试件拉断时指针所指标尺上的读数即试件的延度，以 cm 表示。在正常情况下，试件应拉伸成锥尖状，断裂时锥尖的实际横断面面积为零。如不能得到上述结果，应在报告中说明。

5. 实验数据记录

沥青延度实验数据记录于表 1-18 中。

表 1-18　沥青延度实验记录

<table>
<tr><td colspan="2">试样编号</td><td colspan="2"></td><td>试样来源</td><td colspan="3"></td></tr>
<tr><td colspan="2">试样名称</td><td colspan="2"></td><td>初拟用途</td><td colspan="3"></td></tr>
<tr><td rowspan="6">延度</td><td rowspan="2">实验次数</td><td rowspan="2">实验温度 T/ ℃</td><td rowspan="2">延伸速度 v/ (cm · min^{-1})</td><td colspan="4">延度/cm</td></tr>
<tr><td>试件 1</td><td>试件 2</td><td>试件 3</td><td>平均值</td></tr>
<tr><td></td><td></td><td></td><td></td><td></td><td></td><td></td></tr>
<tr><td></td><td></td><td></td><td></td><td></td><td></td><td></td></tr>
<tr><td></td><td></td><td></td><td></td><td></td><td></td><td></td></tr>
<tr><td colspan="7">实验精度校核：</td></tr>
</table>

6. 实验结果处理

(1) 同一试样,每次平行实验不少于3个,如3个测定结果均大于100 cm时,实验结果记作“>100 cm”;有特殊需要也可分别记录实测值。如3个测定结果中,有1个以上的测定值小于100 cm时,若最大值或最小值与平均值之差满足重复性实验精度要求,则取3个测定结果平均值的整数作为延度实验结果,若平均值大于100 cm,记作“>100 cm”;若最大值或最小值与平均值之差不符合重复性实验精度要求时,实验应重新进行。

(2) 精密度或允许差。

当实验结果小于100 cm时,重复性实验的允许差为平均值的20%;复现性实验的允许差为平均值的30%。

7. 实验操作注意事项

(1) 控制好实验温度。

(2) 控制好拉伸速率。

8. 思考题

沥青的延度大小与哪些因素有关?

实验1.4.3 软化点测定

1. 实验目的与要求

(1) 通过测定沥青的软化点,可以评定其温度感应性并依软化点值确定沥青的牌号。软化点也是在不同温度下选用沥青的重要技术指标之一。

(2) 掌握《沥青软化点测定法 环球法》(GB/T 4507—2014),正确使用仪器设备。

2. 实验原理

沥青的软化点是试样在规定尺寸的金属环内,上置规定尺寸和质量的钢球,放于水(或甘油)中,以(5±0.5) ℃/min的速率加热,至钢球下沉达规定距离25.4 mm时的温度,以℃表示。测定沥青的软化点,可以确定黏稠沥青的稳定性。

依据《沥青软化点测定法 环球法》(GB/T 4507—2014)进行实验。

3. 实验设备、用品与原料

沥青环与球软化点仪、烧杯、钢球、试样环、钢球定位环、实验架、电炉或其他加热器、金属板或玻璃板、金属筛网、隔离剂、沥青等。

4. 实验操作步骤

(1) 试件制备。

① 将试样环置于涂有隔离剂的金属板或玻璃板上，将沥青试样(准备方法同针入度实验)注入试样环内至略高于环面为止(如预估软化点在 120 ℃以上时，应将试样环及金属板预热至 80～100 ℃)。

② 将试样在室温冷却 30 min 后，用热刀刮去高出环面的试样，务使之与环面齐平。

③ 预估软化点不高于 80 ℃的试样，将盛有试样的试样环及金属板置于盛满水的保温槽内，水温保持(5±0.5) ℃，恒温 15 min；预估软化点高于 80 ℃的试样，将盛有试样的试样环及金属板置于盛满甘油的保温槽内，水温保持(32±1) ℃，恒温 15 min；或将盛有试样的试样环水平地安放在实验架中层板的圆孔上，然后放在烧杯中，恒温 15 min，温度要求同保温槽。

④ 烧杯内注入新煮沸并冷却至 5 ℃的蒸馏水(预估软化点不高于 80 ℃的试样)，或注入预先加热至 32 ℃的甘油(预估软化点高于 80 ℃的试样)，使水面甘油液面略低于连接杆上深度标记。

(2) 实验步骤。

① 从水中或甘油保温槽中，取出盛有试样的试样环放置在环架中层板的圆孔中，为了使钢球位置居中，应套上钢球定位器，然后把整个环架放入烧杯中，调整水面或甘油面至连接杆上的深度标记，环架上任何部分不得有气泡。再将温度计由上层板中心孔垂直插入，使水银球底部与试样环下部齐平。

② 将烧杯移放至有石棉网的电炉或三脚架煤气灯上，然后将钢球放在试样上(应使各环的平面在全部加热时间内处于水平状态)立即加热，使烧杯内水或甘油温度上升速率在 3 min 内保持(5±0.5) ℃/ min，在整个测定过程中如温度的上升速率超过此范围时，则实验应重做。

③ 试样受热软化，包裹沥青试样的钢球在重力作用下，下降至与下层底板表面接触时的温度即为试样的软化点。

5. 实验数据记录

沥青软化点实验数据记录于表 1-19 中。

表 1-19　沥青软化点实验记录

<table>
<tr><td colspan="2">试样编号</td><td colspan="9"></td><td colspan="10">试样来源</td></tr>
<tr><td colspan="2">试样名称</td><td colspan="9"></td><td colspan="10">初拟用途</td></tr>
<tr><td rowspan="5">软化点</td><td rowspan="2">实验杯号</td><td rowspan="2">室内温度/℃</td><td rowspan="2">烧杯内液体名称</td><td rowspan="2">开始加热液体温度/℃</td><td colspan="14">烧杯内液体在每分钟末温度上升记录/℃</td><td rowspan="2">试样下垂与底版接触时的温度/℃</td><td rowspan="2">软化点 $T_{R\&B}$ /℃</td></tr>
<tr><td>1</td><td>2</td><td>3</td><td>4</td><td>5</td><td>6</td><td>7</td><td>8</td><td>9</td><td>10</td><td>11</td><td>12</td><td>13</td><td>14</td></tr>
<tr><td></td><td></td><td></td><td></td><td></td><td></td><td></td><td></td><td></td><td></td><td></td><td></td><td></td><td></td><td></td><td></td><td></td><td></td><td></td><td></td></tr>
<tr><td></td><td></td><td></td><td></td><td></td><td></td><td></td><td></td><td></td><td></td><td></td><td></td><td></td><td></td><td></td><td></td><td></td><td></td><td></td><td></td></tr>
<tr><td colspan="20">实验精度校核：</td></tr>
</table>

6. 实验结果处理

取平行测定两个结果的算术平均值作为测定结果。平行测定两个结果的偏差不得大于下列规定：软化点低于 80 ℃时，允许差值为0.5 ℃；软化点高于或等于 80 ℃时，允许差值为1 ℃。否则重做实验。

7. 实验操作注意事项

控制好实验温度。

8. 思考题

沥青的软化点大小与其应用性能有何关系？

实验 1.4.4　沥青混合料的制作与成型

1. 实验目的与要求

(1) 掌握用标准击实法或大型击实法制作沥青混合料试样的方法。

(2) 根据沥青混合料的力学指标(稳定度和流值)、物理指标和饱和度，可以确定沥青混合料的配合组成(即沥青最佳用量)。

2. 实验原理

本方法规定了用标准击实法或大型击实法制作沥青混合料试样的方法，以供实验室进行沥青混合料物理力学性质实验使用。根据沥青混合料的力学指标(稳定度和流值)、物理指标和饱和度，可以确定沥青混合料的配合组成(即沥青最佳用量)。

依据《沥青混合料试件制作方法(击实法)》(T 0702—2011)进行实验。

3. 实验设备、用品与原料

击实仪、标准击实台、沥青混合料拌和机、脱模器、试模、烘箱、天平、黏度计、插刀或大螺丝刀、温度计、沥青、其他。

4. 实验操作步骤

(1) 准备工作。

① 确定制作沥青混合料试件的拌和与压实温度。

a. 用毛细管黏度计测定沥青的黏度，绘制黏温曲线，当使用石油沥青时，以运动黏度为(170±20) mm^2/s 时的温度为拌和温度；以运动黏度为(280±30) mm^2/s 时的温度为压实温度。亦可用赛氏黏度计测定赛波特黏度，以赛氏黏度为(85±10) s 时的温度为拌和温度；以赛氏黏度为(140±15) s 时的温度为压实温度。

b. 当缺乏运动黏度测定条件时，试件的拌和温度与压实温度可按表 1-20 选用，并根据沥青品种和标号作适当调整。针入度小、稠度大的沥青取高限；针入度大、稠度小的沥青取低限；一般取中值。

表 1-20　沥青混合料拌和温度及压实温度参考

沥青种类	拌和温度/ ℃	压实温度/ ℃	沥青种类	拌和温度/ ℃	压实温度/ ℃
石油沥青	130～160	120～150	改性沥青	160～175	140～170

c. 常温沥青混合料的拌和及压实在常温下进行。

② 将各种规格的矿料置于(105±5) ℃的烘箱中烘干至恒重(一般不少于 4～6 h)。根据需要，粗集料可先用水冲洗干净后烘干，也可先将粗细集料过筛后，再用水冲洗后烘干备用。

③ 按规定实验方法分别测定不同粒径粗细集料规格及填料(矿粉)的各种密度，并测定沥青的密度。

④ 将烘干分级的粗细集料，按每个试件设计级配要求称其质量，在一金属盘中混合均匀，矿粉单独加热，置烘箱中预热至沥青拌和温度以上约 15 ℃(石油沥青通常为 163 ℃)备用。一般按一组试件(每组 4～6 个)备料，但进行配合比设计时宜对每个试件分别备料。当采用替代法时，对粗集料中粒径大于 26.5 mm 的部分，以 13.2～26.5 mm 粗集料等量代替。常温沥青混合料的矿料不应加热。

⑤ 将沥青试样用电热套或恒温烘箱熔化加热至规定的沥青混合料拌和温度备用，但不得超过 175 ℃。当不得已采用燃气炉或电炉直接加热进行脱水时，必须使用石棉垫隔开。

⑥ 用沾有少许黄油的棉纱擦净试模、套筒及击实座等，并置于 100 ℃左右的烘箱中加热 1 h 备用。常温沥青混合料的试模不加热。

(2) 混合料拌制。

① 将沥青混合料拌和机预热至拌和温度以上 10 ℃备用。

② 将每个试件预热的粗细集料置于拌和机中，用小铲适当混合，然后再加入需要数量的已加热至拌和温度的沥青，开动拌和机，一边搅拌，一边将拌和叶片插入混合料中拌和 1～1.5 min，然后暂停拌和，加入单独加热的矿粉，继续拌和至均匀为止，并使沥青混合料保持在要求的拌和温度范围内，标准的总拌和时间为 3 min。

(3) 试件成型。

① 将拌好的沥青混合料，均匀称取一个试件所需的用量(标准试件约 1 200 g，大型试件约 4 050 g)。当一次拌和几个试件时，宜将其倒入经预热的金属盘中，用小铲拌和均匀分成几份，分别取用。试件制作过程中，为防止混合料温度下降，应连盘放入烘箱中保温。

② 从烘箱中取出预热的试模及套筒，用沾有少许黄油的棉纱擦拭套筒、底座及击实锤底面，将试模装在底座上(也可垫一张圆形的吸油性小的纸)，按四分法从四个方向用小铲将混合料铲入试模中，用插刀沿周边插捣 15 次，中间插捣 10 次。插捣后将沥青混合料表面整平成凸圆弧面。对于大型马歇尔试件，混合料分两次加入，每次插捣次数同标准试件。

③ 插入温度计，至混合料中心附近，检查混合料温度。

④ 待混合料温度符合要求的压实温度后，将试模连同底座一起放在击实台上固定(也

可在装好的混合料上垫一张吸油性小的圆纸)，再将装有击实锤及导向棒的压实头插入试模中，然后开启电动机(或人工)将击实锤从457 mm的高度自由落下，击实规定的次数(75次、50次或35次)。对于大型马歇尔试件，击实次数为75次(相应于标准击实50次的情况)或112次(相应于标准击实75次的情况)。

⑤ 试件击实一面后，取下套筒，将试模掉头，装上套筒，然后以同样的方式和次数击实另一面。

⑥ 试件击实结束后，如上、下面垫有圆纸，应立即用镊子取掉；用卡尺量取试件离试模上口的高度并由此计算试件高度，如高度不符合要求时，试件应作废，并按式(1-11)调整试件的混合料数量，使高度符合(63.5±1.3) mm(标准试件)或(95.3±2.5) mm(大型试件)的要求。

$$q = q_0 \frac{63.5}{h_0} \tag{1-11}$$

式中 q ——调整后的沥青混合料用量(g)；

q_0——制备试件的沥青混合料实际用量(g)；

h_0——制备试件的实际高度(mm)。

⑦ 卸去套筒的底座，将装有试件的试模横向放置冷却至室温后(不少于12 h)，置脱模机上脱出试件。将试件仔细置于干燥洁净的平面上，供实验用。

5. 实验数据记录

沥青混合料实验数据记录于表1-21中。

表1-21 沥青混合料实验记录

名称	q_0/g	h_0/g

6. 实验操作注意事项

(1) 控制好实验温度。

(2) 控制好实验拌和次数。

7. 思考题

比较沥青混合料试件制备与水泥砂浆试件制备的异同。

实验1.4.5 沥青混合料的马歇尔稳定度测定(标准马歇尔试验方法)

1. 实验目的与要求

通过实验掌握沥青混合料马氏稳定度、流值和残留稳定度的测定方法。

2. 实验原理

沥青混合料稳定度实验是将沥青混合料制成标准的马歇尔试件或大型马歇尔试件，在稳定度仪上测定其稳定度和流值，以这两项指标来表征其高温时的稳定性和抗变形能力。

根据沥青混合料的力学指标（稳定度和流值），物理常数（密度、空隙率和沥青饱和度等），以及水稳性（残留稳定度）和抗车辙（动稳定度）检验，即可确定沥青混合料的配合组成。依据《马歇尔稳定度试验仪》（JT/T 119—2006）进行实验。

3. 实验设备、用品与原料

沥青混合料马歇尔试验仪、恒温水槽、温度计、游标卡尺、沥青。

4. 实验操作步骤

（1）将测定密度后的试件置于（60±1）℃（石油沥青）或（33.8±1）℃（煤沥青）的恒温水槽中，标准的马歇尔试件保温时间需 30～40 min，大型马歇尔试件保温时间需 45～60 min。试件应架起，离水槽底部不小于 5 cm。

（2）将马歇尔试验仪的上下压头放入水槽或烘箱中达到同样温度。将上下压头从水槽或烘箱中取出并擦拭干净内表面。为使上下压头滑动自如，可在上下压头的导棒上涂少许黄油。再将试件取出置于下压头上，盖上上压头，然后装在加载设备上。

（3）在上压头的球座上放妥钢球，并对准荷载测定装置的压头。

（4）当采用自动马歇尔试验仪时，将自动马歇尔试验仪的压力传感器、位移传感器与计算机或 $X-Y$ 记录仪正确连接，调整好适宜的放大比例。调整好计算机程序或将 $X-Y$ 记录仪的记录笔对准原点。

（5）当采用压力环和流值计时，将流值计安装在导棒上，使导向套管轻轻地压住上压头，同时将流值计读数调零。调整压力环中百分表，对零。

（6）启动加载设备，使试件承受荷载，加载速率为（50±5）mm/min。计算机或 $X-Y$ 记录仪自动记录传感器压力和试件变形曲线并将数据自动存入计算机。

（7）当实验荷载达到最大值的瞬间，取下流值计，同时读取应力环中百分表或荷载传感器读数及流值计的流值读数。

（8）从恒温水槽中取出试件至测出最大荷载值的时间，不应超过 30 s。

5. 实验数据记录

沥青混合料马歇尔稳定度实验结果记录于表 1-22 中。

6. 实验结果和计算

（1）实验计算。

① 由荷载测定装置读取的最大值即试样的稳定度。当用压力环百分表测定时，根据压力环表测定曲线，将压力环中百分表的读数换算为荷载值，即试件的稳定度（MS），以 kN 计。

表 1-22　沥青混合料马歇尔稳定度实验记录

<table>
<tr><td colspan="3">沥青混合料用途</td><td colspan="3">矿质集料品种</td><td colspan="3"></td><td colspan="3">矿粉密度 $\rho_{t(F)}$/(g·cm^{-3})</td><td colspan="3"></td><td colspan="2">拌和温度/℃</td><td></td></tr>
<tr><td colspan="3">沥青混合料</td><td colspan="3">粗集料表观 $\rho'_{T(C)}$/(g·cm^{-3})</td><td colspan="3"></td><td colspan="3">沥青品种</td><td colspan="3"></td><td colspan="2">击实温度/℃</td><td></td></tr>
<tr><td colspan="3">沥青混合料配比</td><td colspan="3">观细集料表观 $\rho_{t(s)}$/(g·cm^{-3})</td><td colspan="3"></td><td colspan="3">沥青密度 $\rho_{t(a)}$/(g·cm^{-3})</td><td colspan="3"></td><td colspan="2">击实次数</td><td></td></tr>
<tr><td rowspan="3">试件编号</td><td rowspan="3">沥青用量 q_a/cm</td><td colspan="3">试件高度</td><td rowspan="3">试件在空气中的质量 m_0/g</td><td rowspan="3">试件在水中的质量 m_1/g</td><td rowspan="3">试件表观密度 ρ_0/(g·cm^{-3})</td><td rowspan="3">试件理论真密度 ρ_t/(g·cm^{-3})</td><td rowspan="3">试件中沥青体积百分率 VA/%</td><td rowspan="3">试件空隙率 VV/%</td><td rowspan="3">试件矿料空隙率 VMA/%</td><td rowspan="3">沥青饱和度 VFA/%</td><td rowspan="3">稳定度</td><td rowspan="3">流值 FL/[1·(10 mm)$^{-1}$]</td><td rowspan="3">马歇尔模数/(kN·mm^{-1})</td><td rowspan="3">浸水稳定度 MS_1/kN</td><td rowspan="3">残留稳定度 MS_0/%</td></tr>
<tr><td colspan="2">个别值</td><td rowspan="2">平均高度 h/cm</td></tr>
<tr><td>H_1/cm</td><td>H_2/cm</td></tr>
<tr><td>Ⅰ-1</td><td></td><td></td><td></td><td></td><td></td><td></td><td></td><td></td><td></td><td></td><td></td><td></td><td></td><td></td><td></td><td></td><td></td></tr>
<tr><td>Ⅱ-2</td><td></td><td></td><td></td><td></td><td></td><td></td><td></td><td></td><td></td><td></td><td></td><td></td><td></td><td></td><td></td><td></td><td></td></tr>
<tr><td>Ⅲ-3</td><td></td><td></td><td></td><td></td><td></td><td></td><td></td><td></td><td></td><td></td><td></td><td></td><td></td><td></td><td></td><td></td><td></td></tr>
<tr><td>平均</td><td></td><td></td><td></td><td></td><td></td><td></td><td></td><td></td><td></td><td></td><td></td><td></td><td></td><td></td><td></td><td></td><td></td></tr>
<tr><td>Ⅰ-1</td><td></td><td></td><td></td><td></td><td></td><td></td><td></td><td></td><td></td><td></td><td></td><td></td><td></td><td></td><td></td><td></td><td></td></tr>
<tr><td>Ⅱ-2</td><td></td><td></td><td></td><td></td><td></td><td></td><td></td><td></td><td></td><td></td><td></td><td></td><td></td><td></td><td></td><td></td><td></td></tr>
<tr><td>Ⅲ-3</td><td></td><td></td><td></td><td></td><td></td><td></td><td></td><td></td><td></td><td></td><td></td><td></td><td></td><td></td><td></td><td></td><td></td></tr>
<tr><td>平均</td><td></td><td></td><td></td><td></td><td></td><td></td><td></td><td></td><td></td><td></td><td></td><td></td><td></td><td></td><td></td><td></td><td></td></tr>
<tr><td>Ⅰ-1</td><td></td><td></td><td></td><td></td><td></td><td></td><td></td><td></td><td></td><td></td><td></td><td></td><td></td><td></td><td></td><td></td><td></td></tr>
<tr><td>Ⅱ-2</td><td></td><td></td><td></td><td></td><td></td><td></td><td></td><td></td><td></td><td></td><td></td><td></td><td></td><td></td><td></td><td></td><td></td></tr>
<tr><td>Ⅲ-3</td><td></td><td></td><td></td><td></td><td></td><td></td><td></td><td></td><td></td><td></td><td></td><td></td><td></td><td></td><td></td><td></td><td></td></tr>
<tr><td>平均</td><td></td><td></td><td></td><td></td><td></td><td></td><td></td><td></td><td></td><td></td><td></td><td></td><td></td><td></td><td></td><td></td><td></td></tr>
</table>

② 由流值计或位移传感器测定装置读取的试件垂直变形，即为试件的流值（FL），以 0.1 mm 计。

③ 马歇尔模数。试件的马歇尔模数按式(1-12)计算。

$$T=\frac{MS\cdot 10}{FL} \tag{1-12}$$

式中　T——试件的马歇尔模数(kN/ mm)；

MS——试件的稳定度(kN)；

FL——试件的流值(0.1 mm)。

(2) 实验结果。

当一组测定值中某个数据与平均值大于标准差的 k 倍时，该测定值应予舍弃，并以其余测定值的平均值作为实验结果。当实验数目 n 为 3,4,5,6 个时，k 值分别为 1.15,1.46,1.67,1.82。

7. 实验操作注意事项

(1) 控制好实验温度。

(2) 设置好实验软件。

8. 思考题

沥青混合料马氏稳定度主要反映沥青的哪些性能？

第2章

建筑节能材料的制作实验

实验2.1　无机复合保温板的制作

1. 实验目的与要求

（1）掌握无机复合保温板的设计方法。

（2）掌握珍珠岩-岩棉复合保温板的组成与配比。

（3）熟悉珍珠岩-岩棉复合保温板的制作流程。

2. 实验原理

无机保温板所具有的不燃性、强度高、安装方便、环境友好等优势是有机保温板不可媲美的。但是限制无机保温板发展速度的因素主要是无机保温材料导热系数相对较高、体积密度较大、吸水性较强，使得单骨粒无机保温板大范围推广使用成为难题。单骨粒无机保温板有着各自的优缺点，通过将两种不同的骨粒复合来达到取长补短的目的，制备出可以用于建筑保温板的新型无机复合保温板。

本实验结合珍珠岩和岩棉的优势进行复合制备一种新型的无机复合保温板，通过调节水玻璃胶凝材料的用量和发泡剂双氧水的用量，制备多种不同复合方式的珍珠岩/岩棉复合保温板，实现建筑节能的同时也可以避免严重火灾带来的人员伤亡和经济损失。

3. 实验设备、用品与原料

（1）主要设备及用品。

天平、电动搅拌机、升降台、烧杯、玻璃棒、磨具、脱模剂、烘箱。

（2）主要原料。

珍珠岩、岩棉、纤维、水玻璃、双氧水、十二烷基磺酸钠、十六烷基三甲基溴化铵、有机硅（憎水粉）。

4. 实验项目的配方设计

按给出的应用场合设计符合应用要求的无机复合保温板制作基础配方，可参考表2-1。

表2-1　常温发泡制备的保温材料的原料质量百分数配比　　单位：%

编号	珍珠岩	岩棉	水玻璃	表面活性剂	憎水粉	双氧水
1	50	0	41.67	0.600	0.800	2.50
2	50	1	42.50	0.612	0.816	2.55

（续表）

编号	珍珠岩	岩棉	水玻璃	表面活性剂	憎水粉	双氧水
3	50	2	43.30	0.624	0.832	260
4	50	3	44.17	0.636	0.848	2.65
5	50	4	45.00	0.648	0.864	2.70
6	50	5	45.83	0.660	0.880	2.75
7	50	6	46.67	0.672	0.896	2.80
8	50	7	47.50	0.684	0.912	2.85
9	50	8	48.33	0.696	0.928	2.90

具体制备流程如图 2-1 所示。

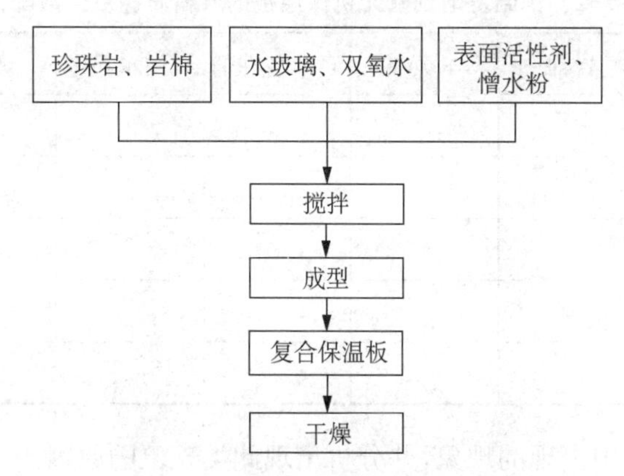

图 2-1　无机复合保温板制备流程

5. 实验操作步骤

(1) 混合浆料的配制。

① 称量一定量的水玻璃加入 500 mL 烧杯中。

② 另取一个 200 mL 烧杯，依次加入一定质量的珍珠岩、岩棉纤维、憎水粉和表面活性剂，用玻璃棒充分搅拌均匀。

③ 将制备好的混合粉末加入 500 mL 烧杯中并与水玻璃混合，用电动搅拌器以 500 r/min的转速搅拌 10 min，使其充分混合。

④ 称取一定量的双氧水加入烧杯中，以同样的搅拌速度搅拌 1 min，得到混合均匀的浆料。

(2) 模具预处理。

① 实验前在实验桌上铺塑料桌布，防止污染或损坏桌面。

② 用砂纸打磨模具表面，除去锈迹、污垢等，清洁干净后再精磨和抛光。用 400# 水磨砂纸小心精磨模具表面，直至细腻光滑，擦净浮尘。

③ 在 50 mm×50 mm×3 mm 的模具表面涂脱模剂，反复涂擦防止有遗漏。可自行配制脱模剂，将质量比为 1∶1 的石蜡和凡士林放在铝盒中加热到 80～100 ℃，二者熔化成液

体后搅匀，再加入 0.3 份煤油调匀便可使用。

(3) 成型实验操作。

① 将混合均匀的浆料加入模具中，每次加入 15 g 左右的浆料。

② 通过自流平或振动处理使其在模具中摊平，然后自然条件下放置 24 h 进行常温发泡。

③ 发泡完成后，放入 60 ℃烘箱中，干燥养护 24 h 后拿出进行脱模，得到所需的保温板，并对其体积密度、导热系数、抗压强度和孔隙率进行表征。

6. 实验数据和过程记录

(1) 将相关实验数据记录于表 2-2 中。

表 2-2　常温发泡制备无机保温板的原料质量百分数配比

编号	珍珠岩	岩棉	水玻璃	表面活性剂	憎水粉	双氧水	现象
1							
2							
3							
4							
5							

(2) 记录实验过程中出现的现象，并分析出现此类现象的原因。

(3) 根据实验过程及产品品质建立实验参数与产品质量的基本关系，并说明改进的方法。

(4) 从不同角度对成型样品拍照，并将照片展示在报告中。

7. 实验操作注意事项

(1) 物料称量尽量准确。

(2) 脱模剂尽量涂抹均匀。

8. 思考题

(1) 按化学组成，复合保温板可以分为哪几类？

(2) 无机复合保温板有哪些优缺点？

实验 2.2　阻燃聚苯乙烯泡沫塑料的制作

1. 实验目的与要求

(1) 掌握阻燃聚苯乙烯泡沫塑料制备的原理和方法。

(2) 按照要求设计阻燃聚苯乙烯泡沫的组成与配方。

(3) 熟悉阻燃聚苯乙烯泡沫塑料的制作流程。

2. 实验原理

聚苯乙烯泡沫是以聚苯乙烯树脂(polystyrene, PS)为基体,通过发泡剂和加工助剂成型的一种泡沫材料。其具有闭孔结构、质硬、吸水率低于5%的优点,其介电性能、绝热性能在泡沫材料中均处于优良级别。根据发泡方式的不同,聚苯乙烯泡沫分为挤塑聚苯乙烯泡沫(XPS)与模塑聚苯乙烯泡沫(EPS)。以混合发泡剂后加热、施压、挤出成型的方式所得的XPS泡沫性能优良、生产成本高。以发泡剂打入聚苯乙烯空心珠粒里,通过后续预发泡、二次发泡法在模具里发泡成型的EPS则具备低热导率、高绝缘性能且质量轻的优点,多用于建筑外墙保温与食品包装。

模塑聚苯乙烯的阻燃,即通过物理方式、化学反应使得材料在高温下依然不具备燃烧特性,从而达到不燃或燃烧后离开火焰立即自熄的特性。极限氧指数测试能够从施氧量角度评估材料的燃烧与阻燃级别。一般来讲,氧指数低于24%即可在空气中发生燃烧且不能熄灭,该值处于25%~27%时,样品具有一定的自熄性;氧指数在28%及以上的材料具备阻燃性能;纯PS材料在空气中的极限氧指数值仅为18%,属于易燃材料。而通过阻燃改性,能够将氧指数提高至空气中不燃的级别。因此,根据EPS加工过程中阻燃改性方式的不同,阻燃方法可以分为原位聚合型、浸渍型、包覆型和后涂层型这四种。

3. 实验设备、用品与原料

(1) 主要设备及用品。

电子天平、电热恒温鼓风干燥箱、预发泡装置、发泡模具、集热式恒温加热磁力搅拌器、马弗炉。

(2) 主要原料。

可发性聚苯乙烯、水性乳液、包覆红磷、可膨胀石墨、三聚氰胺、乙二醛溶液、次磷酸、磷酸、尿素、氢氧化钠、无水甲酸、可溶性淀粉、蒸馏水。

4. 实验项目的配方设计

按给出的应用场合,设计符合应用要求的阻燃聚苯乙烯泡沫塑料基础配方,可参考表2-3。

表 2-3　EPS/RP/EG 泡沫复合材料的配方

试样	EPS/phr	Batf emulsion/phr	RP/phr	EG/phr
EPS	100	0	0	0
E-Batf	100	50	0	0
E-EG	100	50	0	33
E-RPEG(1∶2)	100	50	11	22
E-RPEG(1∶1)	100	50	16.5	16.5
E-RPEG(2∶1)	100	50	22	11
E-RP	100	50	—	0

注:phr 表示对每 100 份(以质量计)树脂添加的份数。

以高效阻燃剂红磷、膨胀石墨复配粉末,在预发泡后的 EPS 珠粒表面以乳液包覆法黏结阻燃剂,再经过二次发泡成型制备阻燃 EPS 泡沫板。具体工艺流程如图 2-2 所示。

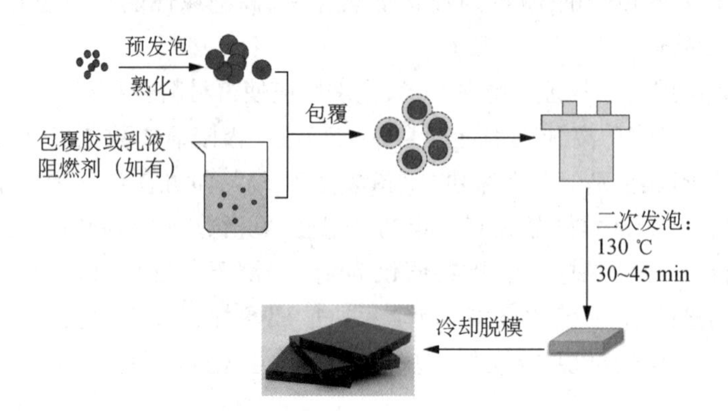

图 2-2　阻燃聚苯乙烯泡沫塑料制备流程

5. 实验操作步骤

(1) 准备模具。

和其他工艺一样,高质量的模具也是必备的。模具表面要有较高的硬度和光泽度。

(2) EPS 珠粒的预发泡与熟化。

市面购得的可发性 EPS 珠粒需先进行预发泡并熟化。取适量珠粒,置于 100 ℃水蒸气下 49～55 s,取出,挑选膨胀倍率在 40～60 倍的珠粒,于常温常压下静置熟化,确保预发泡与二次发泡间隔为 20～24 h。

(3) 包覆法制备阻燃 EPS 泡沫材料。

① 准确称量 25.0 g 水性乳液,加入少量去离子水稀释。

② 按比例依次加入红磷与膨胀石墨,混合均匀。

③ 称取 25.0 g 熟化完成的 EPS 珠粒,与混合液充分接触,持续搅拌。

④ 将混合物置于 70 ℃鼓风烘箱烘至恒重(过程约需 20 min)。

⑤ 将干燥后的珠粒装入发泡模具中,于 130 ℃烘箱中发泡 35 min,取出。

⑥ 待冷却至室温后脱模,取出样品。

6. 实验数据和过程记录

(1) 将相关实验数据记录于表 2-4 中。

表 2-4　阻燃型苯乙烯泡沫塑料制作实验数据记录

编号	EPS 珠粒	巴德富乳液	去离子水	红磷	膨胀石墨	现象
1						
2						
3						
4						
5						

(2) 记录实验过程中出现的现象,并分析出现此类现象的原因。

(3) 根据实验过程及产品品质建立实验参数与产品质量的基本关系,并说明改进的方法。

(4) 从不同角度对成型样品拍照,并将照片展示在报告中。

7. 实验操作注意事项

(1) 物料称量尽量准确。

(2) 脱模剂尽量涂抹均匀。

(3) 实验过程中注意防护。

8. 思考题

(1) 聚苯乙烯泡沫成型有哪些方法?

(2) 聚苯乙烯泡沫有哪些优缺点?

(3) 实验过程中加入红磷和乙二醇起什么作用?

实验 2.3 硬质聚氨酯泡沫保温材料的制作

1. 实验目的与要求

(1) 掌握聚氨酯泡沫塑料制备的原理和方法。

(2) 熟悉聚氨酯泡沫塑料的配方及各组分的作用。

(3) 熟悉聚氨酯泡沫塑料的制备流程和技术要点。

2. 实验原理

(1) 基本反应。

聚氨基甲酸酯(简称“聚氨酯”)是由异氰酸酯和含羟基化合物反应而生成氨基甲酸酯，将其作为特征链节而命名的。异氰酸酯不仅能和含羟基的化合物反应生成氨基甲酸酯，还可以和其他含有“活性氢”的化合物发生反应，生成各种相应的化学链节，通过改变聚氨酯的链节结构来改变其性能。在制备聚氨酯泡沫塑料的过程当中，主要涉及如下反应。

① 异氰酸酯和羟基反应：多异氰酸酯和多元醇(聚醚型、聚酯型或其他多元醇)反应生成聚氨酯。

$$n\mathrm{OCN-R-NCO} + n\mathrm{HO{\sim}OH} \longrightarrow \left[\overset{\displaystyle O}{\overset{\|}{\mathrm{C}}}\mathrm{NH-R-NH-}\overset{\displaystyle O}{\overset{\|}{\mathrm{C}}}\mathrm{-O{\sim}O}\right]_n \tag{2-1}$$

② 异氰酸酯和水反应：含异氰酸酯基团的化合物与水反应，先生成氨基甲酸，由于氨基甲酸不稳定，然后分解成胺和二氧化碳。

$$\sim\mathrm{NCO} + \mathrm{H_2O} \longrightarrow \sim\mathrm{R}\overset{\displaystyle H}{\overset{|}{\mathrm{N}}}\mathrm{COOH} \longrightarrow \sim\mathrm{NH_2} + \mathrm{CO_2}\uparrow \tag{2-2}$$

氨基又会和含异氰酸酯基团的化合物发生反应，产生含有脲基的聚合物。

$$\sim\mathrm{NCO} + \sim\mathrm{NH_2} \longrightarrow \sim\overset{\displaystyle H}{\overset{|}{\mathrm{N}}}-\overset{\displaystyle O}{\overset{\|}{\mathrm{C}}}-\overset{\displaystyle H}{\overset{|}{\mathrm{N}}}\sim \tag{2-3}$$

式(2-1)和式(2-2)两项反应都属于链增长反应，反应会产生二氧化碳气体，因此它不仅是链增长反应，也可看作是发泡反应。即使在没有催化剂存在时，含异氰酸酯基团化合物和氨基反应速率也是非常快的，因此制备过程中异氰酸酯不仅和过量的水反应，还能获取一定量的取代脲，反应过程中很少有过量游离胺存在。因此，该反应可以看作是异氰酸酯与水直接反应的过程，最后形成取代的脲。

③ 脲基甲酸酯反应：氨基甲酸酯基团中氮原子上的氢与异氰酸酯反应，生成脲基甲酸酯。

$$\sim\mathrm{NCO} + \sim\mathrm{NH}\overset{\displaystyle O}{\overset{\|}{\mathrm{C}}}\mathrm{-O}\sim \longrightarrow \begin{array}{l}\sim\mathrm{N-}\overset{\displaystyle O}{\overset{\|}{\mathrm{C}}}\mathrm{-O}\sim\\ \quad\ |\\ \quad\ \mathrm{C{=}O}\\ \quad\ |\\ \sim\mathrm{NH}\end{array} \quad (\text{脲基甲酸酯}) \tag{2-4}$$

④ 缩二脲反应：脲基中氮原子上的氢会与异氰酸酯反应生成缩二脲。

$$\sim NCO + \sim NH\overset{O}{\overset{\|}{C}}-\underset{H}{\underset{|}{N}}\sim \longrightarrow \sim\underset{\underset{NH_2}{\underset{|}{\underset{C=O}{|}}}}{N}-\overset{O}{\overset{\|}{C}}-\underset{H}{\underset{|}{N}}\sim \tag{2-5}$$

式(2-4)和式(2-5)两项反应都属于交联反应。一般的实验条件下，且无催化剂存在时，反应速率较慢，温度达到 110～130 ℃才发生反应，随着温度的升高，反应速率会增加。脲基甲酸酯链节和缩二脲具有不稳定性，当温度较高时，会和胺发生反应生成脲基和氨基甲酸乙酯。

$$\sim\underset{\underset{\sim NH}{\underset{|}{\underset{C=O}{|}}}}{N}-\overset{O}{\overset{\|}{C}}-\overset{H}{\overset{|}{N}}\sim + \sim NH_2 \longrightarrow 2\sim\overset{H}{\overset{|}{N}}-\overset{O}{\overset{\|}{C}}-\overset{H}{\overset{|}{N}}\sim \tag{2-6}$$

综合上述 4 种反应，归纳起来有以下 3 种类型，即链增长反应、气体发生发应和交联反应。

在制备聚氨酯泡沫体时，上述 4 种反应几乎是同时进行，并且速度较快。在有催化剂的条件下，有的反应在几分钟内就能完成大部分。最终，形成交联度和分子量较高的聚氨酯材料。

(2) 发泡方法。

根据聚氨酯制备相关基本反应的介绍，可以通过 3 种方法来制备硬质聚氨酯泡沫材料，分别是预聚体法、半预聚体法以及常用的一步法。本实验采用一步法合成硬质聚氨酯。

一步法发泡即将白料(聚醚或聚酯多元醇、发泡剂/水、催化剂、阻燃剂和稳定剂等)和黑料(异氰酸酯)经过称量混合在一起搅拌，各种反应(链增长、交联反应等)在短时间内完成。时间控制大概在原料混合均匀后 1～10 s 即开始发泡，0.5～3 min 内完成发泡，经过 24 h 熟化，便可得到具有一定交联密度的高分子量的聚氨酯。为了获得泡孔均匀和性能较好的材料，在适当的条件下可以加入复合催化剂，使这链增长、交联和气体发生反应更好地协调。

3. 实验设备、用品与原料

(1) 主要设备及用品。

电动搅拌机、电子天平、模具、烘箱、其他常规玻璃仪器。

(2) 主要原料。

PAPI44V20、聚醚多元醇 4110、聚醚多元醇 635、环己胺、匀泡剂、HCHC-141b、DMMP、TCPP、TCEP、TDCP。

4. 实验项目的配方设计

按给出的应用场合设计符合应用要求的硬质聚氨酯泡沫基础配方。

本实验采用一步法合成硬质聚氨酯,硬质聚氨酯泡沫塑料的配方比参考表 2-5。

表 2-5　硬质聚氨酯泡沫塑料的原料与组分

样品	PAPI44V20	聚醚多元醇 4110	聚醚多元醇	环己胺	匀泡剂	HCFC-141b	水
PUF	150	70	30	2	2	20	1

具体工艺流程如图 2-3 所示。

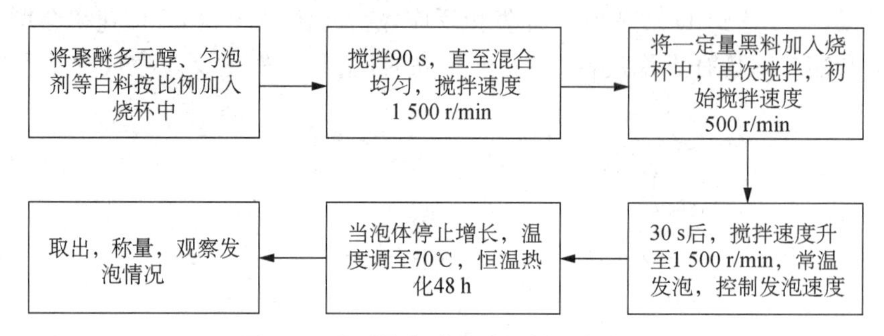

图 2-3　硬质聚氨酯泡沫塑料制备流程

5. 实验操作步骤

(1) 将聚醚多元醇 4110 和聚醚多元醇 635 按比例加到烧杯中。

(2) 再按比例加入匀泡剂、环己胺、HCFC-141b、水和对应量的阻燃剂,搅拌 90 s,直至混合均匀,搅拌速度 1 500 r/min。

(3) 再按比例将一定量黑料加入烧杯中,再次搅拌,初始搅拌速度 500 r/min,30 s 后,搅拌速度升至 1 500 r/min,常温发泡,控制发泡速度。

(4) 当泡体停止增长,温度调至 70 ℃,恒温熟化 48 h 后,取出,称重,观察发泡情况。

6. 实验数据和过程记录

(1) 将相关实验数据记录于表 2-6 中。

表 2-6　硬质聚氨酯泡沫塑料制作实验数据记录

编号	PAPI44V20	聚醚多元醇 4110	聚醚多元醇 635	环己胺	匀泡剂	HCFC-141b	水	现象
1								
2								
3								
4								
5								

(2) 记录实验过程中出现的现象,并分析出现此类现象的原因。

(3) 根据实验过程及产品品质建立实验参数与产品质量的基本关系，并说明改进的方法。

(4) 从不同角度对成型样品拍照，并将照片展示在报告中。

7. 实验操作注意事项

(1) 物料称量尽量准确。

(2) 注意观察发泡现象。

(3) 实验过程中注意防护。

8. 思考题

(1) 聚氨酯泡沫分为哪几类，其用途分别是什么？

(2) 硬质聚氨酯泡沫相比传统保温材料有哪些优缺点？

(3) 如何改善硬质聚氨酯泡沫耐热性能？

实验 2.4　无机保温砂浆的制作

1. 实验目的与要求

(1) 掌握建筑保温砂浆的组成和分类。

(2) 熟悉建筑保温砂浆的配方及各组分的作用。

(3) 熟悉建筑砂浆的制备流程和技术要点。

2. 实验原理

(1) 建筑保温砂浆的组成。

建筑保温砂浆按化学成分分为有机保温砂浆和无机保温砂浆两类。目前中国市场上广泛使用的胶粉聚苯颗粒保温砂浆就是有机保温砂浆，而以膨胀珍珠岩、膨胀蛭石及玻化微珠等无机矿物为轻骨料的保温砂浆则为无机保温砂浆。

保温砂浆由轻质保温骨料、胶凝材料和改性材料组成。胶凝材料主要为硅酸盐类水泥，也有用石膏作为胶凝材料。改性材料为聚合物胶黏剂(可再分散聚合物胶粉或聚合物乳液)、憎水剂、纤维素醚增稠剂、高效减水剂和聚丙烯纤维。

(2) 建筑保温砂浆的性能要求。

保温砂浆作为一种多组分、配比性材料，其组分和配比决定了其热工性能。描述热工性能的参数主要包括导热系数、蓄热系数、比热、导温系数、蒸汽渗透系数等，其中导热系数和蓄热系数对砂浆的保温性能影响最大，可直接反映保温性能的优劣。导热系数和蓄热系数作为保温砂浆的主要参数，分别用于描述反映保温砂浆在稳定和周期性不稳定传热状态时的保温性能。控制保温砂浆的导热系数和蓄热系数在规定的范围内，就能改善保温砂浆的热工性能。砂浆的绝热性能由导热系数反映，影响导热系数的主要因素有以下几方面。

① 保温骨料的品种和用量：保温骨料的导热系数越低、用量越大，保温砂浆的导热系数越小。

② 水泥材料用量：水泥用量越少，保温砂浆的导热系数越小。

③ 粉煤灰、硅灰等矿物外加剂的掺量越多，保温砂浆的导热系数越小。

④ 聚合物胶粉或乳液的用量越多，保温砂浆的导热系数越小。

⑤ 引气剂用量越多，保温砂浆的导热系数越小。

⑥ 纤维掺量越多，保温砂浆的导热系数越小。

保温砂浆除了应有低的导热系数外，还要具备一定的黏结强度、变形性能等性能。

(3) 建筑保温砂浆保温隔热机理。

保温砂浆是一种多孔建筑材料。保温砂浆之所以具有优良的保温隔热效果，与其轻质骨料的多孔结构有密切的关系。尽管其中热传递的机理非常复杂，影响的因素很多，但是可以根据热的对流、传导和辐射的理论进行分析。

多孔材料的热传递性质与气孔的尺寸和气孔的数量有关。气孔的尺寸对导热系数有很大的影响。当容重不变时，导热系数随着材料中气孔平均尺寸的减小而降低，随着材料单位体积中气孔总数的增加而降低。

轻质骨料内部具有大量的微孔，微孔中空气的导热系数比保温砂浆中其他固体材料的导热系数都要低，而且由于孔隙的几何尺寸小，限制了气体分子的自由行程，使得其内包含的空气基本上处于静止状态，对流传热量大大减小。另外，由于大量孔隙的存在，使得单位材料体积内固体孔隙壁的截面积减小，传热路径延长，从而使导热量降低。与此同时，由于大量孔隙壁相当于存在无数个遮热板，故使得辐射传热也大大削弱。

3. 实验设备、用品与原料

(1) 主要设备及用品。

砂浆搅拌机，如图 2-4 所示。

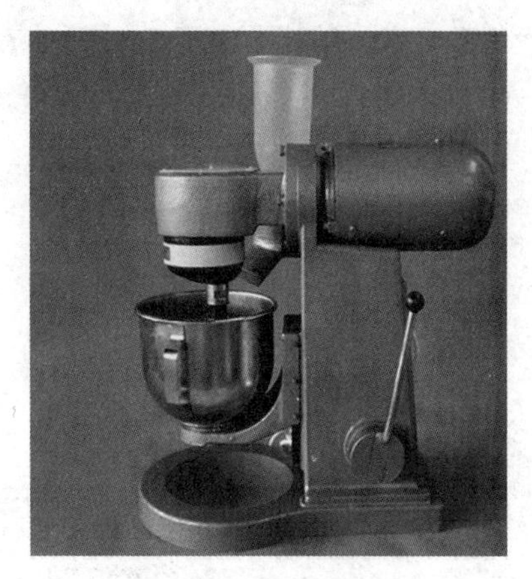

图 2-4　砂浆搅拌机

(2) 主要原料。

胶凝组分（水泥、粉煤灰）、保温骨料（陶砂、膨胀珍珠岩、聚苯颗粒、玻化微珠）、外加剂、改性剂（引气剂、纤维、可再分散胶粉）。

4. 实验项目的配方设计

按给出的应用场合设计符合应用要求的建筑保温砂浆基础配方。

普通砌筑砂浆一般为水泥砂浆或混合砂浆，这类砂浆的表观密度一般为 1 600～1 800 kg/m^3，导热系数为 0.58～1.10 W/(m・K)；而轻质保温砌块的表观密度一般为 450～950 kg/m^3，导热系数为 0.15～0.35 W/(m・K)。由于二者导热系数差距较大，致使整个砌体存在“热桥”现象，由砌筑灰缝引起的能量损失达到25%左右，在砌筑灰缝甚至整个墙面出现结露；二者之间的干缩系数也相差很多，整个砌体在干湿循环过程中，使砌体强度受到影响，普通砌筑砂浆与轻质砌块黏结不理想，而采用保温砌筑砂浆可以克服上述缺点。因普通河砂原料来源广泛、价格易得，故尝试采用普通中砂，通过掺入引气剂来降低砂浆的容重和导热系数，配制保温砂浆，如表 2-7 所示。

表 2-7　普通中砂砌筑保温砂浆湿容重和抗压强度

序号	水泥/(kg・m^{-3})	煤泥灰/(kg・m^{-3})	外加剂/(kg・m^{-3})	陶砂/(kg・m^{-3})	引气剂/(kg・m^{-3})	水/L	湿容重/(kg・m^{-3})	抗压强度/MPa
1	200	200	64	中砂 1 450	0	312	2 253	16.9
2	200	200	64	中砂 1 450	1.5	274	1 500	11.3
3	150	150	48	中砂 1 450	1.5	222	1 405	6.2
4	100	100	48	中砂 1 450	1.5	210	1 198	4.8

5. 实验操作步骤

(1) 采用机械搅拌的方法，将原材料计量好后按配比倒入搅拌机中干拌 1 min，使原材料混合均匀。

(2) 加水搅拌 5～6 min 至砂浆具有良好的和易性。

(3) 当保温砂浆中未掺胶粉时，采用 70.7 mm×70.7 mm×70.7 mm 的砂浆立方体抗压实验试模成型试件，在(20±5) ℃温度环境下停置一昼夜(24 h)，后拆模。

(4) 拆膜后将试块在标准养护制度下继续养护至 28 d 龄期，然后再进行相关的实验。

(5) 当保温砂浆中掺入胶粉时，由于水泥的水化需要潮湿的环境，而聚合物是通过失水凝聚成膜的，需要干燥的环境，因此，通过查看文献认为采用以下养护方法效果最好：标养 7 d，实验室自养[23 ℃，(45%～75%) RH]21 d。即试块成型后用聚乙烯薄膜覆盖，在实验室标养条件下养护 7 d 后去掉覆盖物，再在实验室室外条件下继续养护至 28 d。部分放入(65±2) ℃的烘箱中烘干到恒重，从烘箱中取出放入干燥器中备用，然后再进行相关的实验测试。

6. 实验数据和过程记录

(1) 将相关实验数据记录于表 2-8 中。

表 2-8　无机保温砂浆制作实验数据记录

编号	水泥	粉煤灰	外加剂	陶砂	引气剂	水	湿容重	现象
1								
2								
3								
4								
5								

(2) 记录实验过程中出现的现象，并分析出现此类现象的原因。

(3) 根据实验过程及产品品质建立实验参数与产品质量的基本关系，并说明改进的方法。

(4) 从不同角度对成型样品拍照，并将照片展示在报告中。

7. 实验操作注意事项

(1) 物料称量尽量准确。

(2) 搅拌过程中注意观察和易性。

(3) 实验过程中注意安全。

8. 思考题

(1) 砂浆的和易性是什么?

(2) 砂浆的保温性能与什么有关?

(3) 保温砂浆可以分为哪几类，分别有什么作用?

实验2.5　节能玻璃的制作

1. 实验目的与要求

(1) 掌握中空节能玻璃的节能原理。

(2) 掌握中空节能玻璃的制备流程和技术要点。

2. 实验原理

中空玻璃的隔热性是指在夏季减少室外热量通过其传入室内，在南方突出地表现在减少太阳辐射上。辐射传热是能量通过射线以辐射的形式进行的传递，这种射线包括可见光、红外线和紫外线等的辐射。高温物体向低温环境辐射的热量与物体的辐射发射率有关。由于玻璃的辐射发射率较大，为0.837，因此辐射传热是影响中空玻璃隔热性能的主要因素。当太阳光到达玻璃上时，大约85%的太阳光透射过去，7%被反射，8%被吸收。玻璃的透射、反射、吸收的量取决于入射光的波长。普通单层平板玻璃内、外表面温差只有0.4 ℃左右，表明该种玻璃本身几乎没有隔热能力。中空玻璃的隔热性能主要是中空玻璃内气体夹层的热绝缘作用，使其两侧表面的温差接近甚至超过10 ℃。这是因为其夹层内的气体处于一个封闭的空间，气体不产生对流，而且空气的导热系数0.028 W/(m・K)是玻璃导热系数0.77 W/(m・K)的1/27，因而对流传热和传导传热在中空玻璃的能量传递中仅占较小的比例。这一作用又随玻璃表面的风速和玻璃表面的辐射而变化。中空玻璃正是利用气体夹层热阻较大，特别是形成不产生对流的空气夹层，这样室内和室外相互之间的能量交换就大大降低，可获得显著的隔热效果。

3. 实验设备、用品与原料

(1) 主要设备及用品。

玻璃切割机、磨边砂轮机、玻璃片、铝隔条。

(2) 主要原料。

密封胶、干燥剂。

4. 实验项目的配方设计

按给出的应用场合设计符合应用要求的中空玻璃制作流程。具体制作流程如下：玻璃裁切→磨边→清洗干燥→制框→灌装干燥剂→涂布丁基胶→上框→合片→压片→封胶→卸片→固化。

5. 实验操作步骤

(1) 玻璃切割可由手工或机器进行，但应保证合乎尺寸要求。

(2) 使用磨边机对玻璃进行磨边处理，磨边尺寸为：厚度为4～10 mm的，磨边棱角宽度不小于0.5 mm；厚度为10 mm以上的，磨边棱角宽度不小于1 mm。磨边操作当中注意轻拿轻放，避免玻璃破损及划伤，时刻注意磨边质量。

(3) 玻璃清洗采用机器清洗法,保证玻璃表面无水珠、水渍及其他污渍,清洗好的玻璃进行干燥处理(一般应在 1 h 之内完成中空玻璃组装)。

(4) 选取合适的铝间隔条,铝间隔条的壁厚应大于 0.3 mm,吸附孔通透、均布,不得有间断或缺孔。铝间隔条框的表面应经去污处理。不得使用有折弯裂纹的铝间隔条,切口平滑、无毛刺、不变形。

(5) 铝间隔条内灌装分子筛,每延米填充量一般不低于 25 g。

(6) 涂布丁基胶必须保证胶条均匀连续,丁基胶宽度不得小于 3 mm。间隔条分子筛灌装孔及角插件连接插件,必须完全被丁基胶填塞。

(7) 将清洗干燥后的玻璃与铝间隔条进行合片组装、压合,如若是充气的中空玻璃,充气量不得小于 85%。

(8) 将组装、压合好的中空玻璃进行第二道密封处理,应保证密封胶充分与丁基胶接触并与玻璃边平齐,中间不得有气道、气泡。

(9) 已涂胶的中空玻璃应逐片隔开、宜立式静置固化。

6. 实验数据和过程记录

(1) 将相关实验数据记录于表 2-9 中。

表 2-9 中空玻璃制作实验数据记录

时间	操作	现象

(2) 记录实验过程中出现的现象,并分析出现此类现象的原因。

(3) 根据实验过程及产品品质建立实验参数与产品质量的基本关系,并说明改进的方法。

(4) 从不同角度对成型样品拍照,并将照片展示在报告中。

7. 实验操作注意事项

(1) 玻璃切割和打磨过程中注意安全。

(2) 涂胶一定要均匀,不要有气泡。

(3) 清洗干净的玻璃在操作过程中需佩戴干净手套,避免二次污染。

8. 思考题

(1) 中空玻璃相比传统平板玻璃的优点是什么?

(2) 中空玻璃在制作过程中有哪些注意事项?

(3) 中空玻璃的空腔内可以填充哪些气体?

实验 2.6　反射隔热涂料的制作

1. 实验目的与要求

(1) 掌握建筑反射隔热涂料的隔热机理。

(2) 熟悉建筑反射隔热涂料的组成及各组分的作用。

(3) 熟悉建筑反射隔热涂料的制备流程和技术要点。

2. 实验原理

太阳光照射到任何物体上，都会发生反射、吸收和透过，其反射率 ρ、吸收率 α 和透过率 γ 之间存在如下关系：$\rho+\alpha+\gamma=1$。由于涂层下面大多数为不透明的水泥层、钢铁层等物质，因此可以近似认为透过率 $\gamma=0$，上式简化为 $\rho+\alpha=1$。因此，增大涂层的反射率 ρ 才能相应地降低涂层的吸收率 α，吸收率越低，物体内部的温度也越低，越能达到隔热降温的目的。反射型隔热涂料正是通过选取透明光亮的成膜树脂和高反射率的颜填料，达到提高涂层反射率、降低物体对太阳辐射吸收的目的。

反射隔热涂料与阻隔隔热涂料相比，反射型涂层将太阳能量反射而不是吸收，将热量阻挡在涂膜的外侧。这类涂层本身的导热系数小，阻止了热量在漆膜内部的传递，反射的同时也有一定的阻隔作用。反射隔热涂层性能的好坏受涂层表面状态的影响很大，其反射率主要是由颜填料和涂膜表面状态决定的。物体表面越光滑严整，对入射光线反射越强，物体将光线能量反射后，自身没有吸收能量，所以温度没有显著升高。物体表面越粗糙，对入射光线吸收越强，导致物体表面温度升高。

另外，反射型涂料与基材附着力好，与其他漆膜的相容性好，可以与多种底漆或中间漆很好地配合使用，可以选用环保型的溶剂，大大减少了涂料在施工和使用过程中对环境和人的身体健康造成的危害。

3. 实验设备、用品与原料

(1) 主要设备及用品。

电子天平、磨砂分散两用机、鼓风干燥箱。

(2) 主要原料。

苯丙乳液、纯丙乳液、硅丙乳液、分散剂、消泡剂、润湿剂、增稠剂、成膜助剂、钛白粉 A、钛白粉 B、钛白粉 C、钛白粉 D、重钙、滑石粉、中空玻璃微珠、中空陶瓷微球、去离子水。

4. 实验项目的配方设计

按给出的应用场合设计符合应用要求的反射隔热涂料基础配方，参考表 2-10。

其中，消泡剂的主要成分为破泡聚硅氧烷和憎水颗粒的混合物，润湿剂的主要成分为聚醚改性硅氧烷溶液，增稠剂的主要成分为疏水改性聚氨酯，成膜助剂的主要成分为二丙二醇丁醚。

表 2-10　反射隔热涂料的原料配比

原料名称	配比/%	原料名称	配比/%
乳液	20～40	去离子水	适量
分散剂	0.3～1.0	钛白粉	10～13
消泡剂	0.1～0.6	中空玻璃微珠	4～7
润湿剂	0.2～0.5	中空陶瓷微珠	1～4
增稠剂	1.0～3.0	滑石粉	6～9
成膜助剂	0.3～0.6	重钙	8～11

具体制备流程如图 2-5 所示。

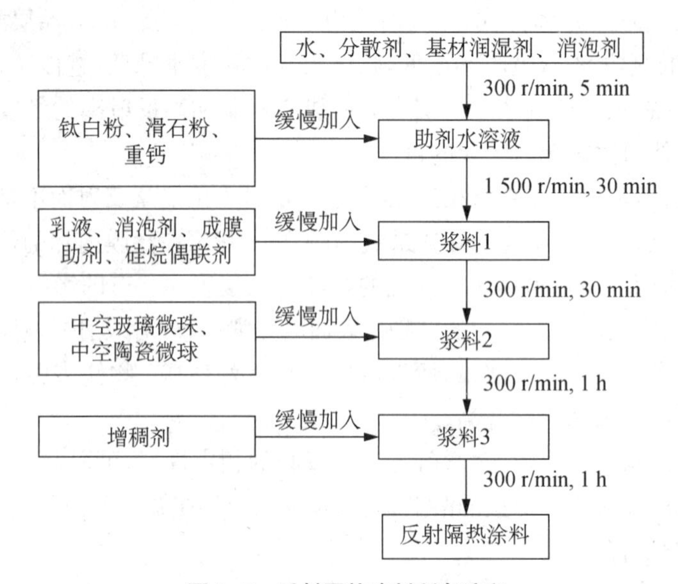

图 2-5　反射隔热涂料制备流程

5. 实验操作步骤

(1) 首先在水中加入一定量的分散剂、消泡剂和基材润湿剂，保证助剂在水中分散均匀。

(2) 再向其中加入钛白粉、滑石粉和重钙等颜填料，高速分散。

(3) 然后向浆料中加入乳液、消泡剂等，降低搅拌速率混合均匀。

(4) 加入中空玻璃微珠和中空陶瓷微球，考虑到中空刚性结构易碎，需要在低速下搅拌一定时间，保证其能够分散均匀。

(5) 最后加入增稠剂调黏度。

6. 实验数据和过程记录

(1) 将相关实验数据记录于表 2-11 中。

表 2-11　反射隔热涂料制作实验数据记录

原料名称	配比/%	原料名称	配比/%
乳液		去离子水	
分散剂		钛白粉	
消泡剂		中空玻璃微珠	
润湿剂		中空陶瓷微珠	
增稠剂		滑石粉	
成膜助剂		重钙	

(2) 记录实验过程中出现的现象,并分析出现此类现象的原因。

(3) 根据实验过程及产品品质建立实验参数与产品质量的基本关系,并说明改进的方法。

(4) 从不同角度对成型样品拍照,并将照片展示在报告中。

7. 实验操作注意事项

(1) 物料称量尽量准确。

(2) 严格控制物料添加顺序。

(3) 实验过程中注意观察涂料的黏度变化。

8. 思考题

(1) 隔热涂料可以分为哪几类,分别具有什么隔热机理?

(2) 反射隔热涂料可以应用在哪些领域?

(3) 如何设计一款隔热性能良好的反射隔热涂料?

实验 2.7 建筑外墙节能系统开发与制作

1. 实验目的与要求

(1) 掌握建筑外墙保温节能系统设计原理。

(2) 掌握建筑外墙保温节能系统制作流程。

2. 实验原理

我国住宅建筑外墙保温主要有以下 4 种形式:外保温、内保温、夹心保温和综合保温。其中外墙外保温方式直接、效果显著,是建设部倡导推广的主要形式,也是在我国应用最广泛的一种形式。外墙外保温是将保温材料安装在外墙的外侧,降低建筑主体结构受温差的影响,减小结构的温度变形量,从而起到保护墙体、有效阻断冷(热)桥,从而延长建筑结构的使用寿命。外墙外保温系统的应用不但可以将制冷、制热系统的能耗降低至50%左右,还可以让人们的生活居住环境更为健康、舒适。因此,外墙外保温技术在建筑节能技术中得以广泛的应用。外墙保温系统设计与制作过程中还需充分考虑安全性能、耐久性能和抗裂性能等。

3. 实验设备、用品与原料

(1) 主要设备及用品。

砂浆搅拌机、抹灰刀。

(2) 主要原料。

混凝土、界面砂浆、玻璃纤维网格布、复合保温砂浆、防水抗裂砂浆、瓷砖、填缝剂。

4. 实验项目的配方设计

按给出的应用场合开发符合应用要求的建筑外墙保温节能系统。外墙保温系统的组成包括混凝土基面、界面砂浆层、复合保温砂浆层、防水抗裂砂浆层以及瓷砖,通过多层复合起到防水、抗裂、节能保温的功能。

5. 实验操作步骤

(1) 在混凝土基面上涂敷界面砂浆层。

(2) 在界面砂浆层表面涂覆两层复合保温层,第一层厚度为 10～30 mm,固化后涂覆第二次,两次涂敷的总厚度为 30～60 mm。

(3) 待复合保温砂浆层完全固化后,在其表面涂覆一层 2～3 mm 厚的防水抗裂砂浆层,然后将玻璃纤维网格布用抹灰刀压入砂浆中,待表面稍干后再涂覆第二层防水抗裂砂浆层,直至玻璃纤维网格布全部被覆盖,两层防水抗裂砂浆层和玻璃纤维网格布的整个厚度为 3～7 mm。

(4) 待防水抗裂砂浆层干燥后通过瓷砖黏结剂在其上铺设瓷砖,瓷砖之间通过填缝剂(美缝剂)相连。

6. 实验数据和过程记录

(1) 将相关实验数据记录于表 2-12 中。

表 2-12　建筑外墙保温节能系统开发实验数据记录

时间	操作	现象

(2) 记录实验过程中出现的现象,并分析出现此类现象的原因。

(3) 根据实验过程及产品品质建立实验参数与产品质量的基本关系,并说明改进的方法。

(4) 从不同角度对成型样品拍照,并将照片展示在报告中。

7. 实验操作注意事项

(1) 砂浆层涂覆一定要平整、均匀。

(2) 实验过程中注意安全。

8. 思考题

(1) 混凝土表面涂覆界面砂浆层的作用是什么?

(2) 在涂覆复合保温层时为什么要压入玻璃纤维网格布?

创新实验　膨胀珍珠岩保温防水砂浆的制作

1. 实验目的与要求

(1) 掌握膨胀珍珠岩保温防水砂浆的组成及各组分的作用。

(2) 掌握膨胀珍珠岩保温防水砂浆的制备流程和技术要点。

2. 实验原理

我国采用的保温材料主要为有机保温材料。这类保温材料具有质轻、导热系数小等优点,但防火能力较差、耐久性差,高温下易释放有毒气体。与有机保温材料相比,无机保温砂浆具有抗压强度较高、防火性好、耐久性好的特点,是一种综合性能较好、绿色环保的建筑材料。膨胀珍珠岩保温砂浆是无机保温砂浆中的重要品种,应用广泛,但该种砂浆普遍存在吸水率大的缺陷,影响其保温性能和耐久性。通过研究膨胀珍珠岩、粉煤灰、可分散乳胶粉、引气剂、减水剂、纤维素醚及水灰比对保温砂浆干密度、抗压强度、吸水率、软化系数及导热系数的影响,得到干密度小、抗压强度好、导热系数小的保温砂浆合理配比。

3. 实验设备、用品与原料

(1) 主要设备。

电子秤、鼓风干燥箱、砂浆搅拌机、三联试模。

(2) 主要原料。

水泥(P.O 42.5)、膨胀珍珠岩、憎水剂、粉煤灰、外加剂、防水材料、水。

4. 实验项目的配方设计

按创新实验给出的膨胀珍珠岩保温砂浆种类设计符合创新要求的膨胀珍珠岩保温防水砂浆材料的基础配方,参考配比为:胶凝材料与憎水剂改性珍珠岩体积比 1∶5、粉煤灰 20%、可分散乳胶粉 3%、引气剂 0.3%、减水剂 1.5%、纤维素醚 0.6%、水灰比 1.0、膨胀剂 12%、渗透结晶防水母料 9%、有机硅防水剂 7%。

5. 实验操作步骤

(1) 称取一定量的憎水剂和水,配制浓度为 0.3%的憎水剂溶液,混合均匀。

(2) 将配制好的憎水剂溶液均匀加入盛有膨胀珍珠岩的容器中,憎水剂溶液质量为珍珠岩吸水能力的 150%,且每隔 20 min 将珍珠岩上下搅拌一次,浸泡 60 min。

(3) 浸泡完成后,将湿珍珠岩放置在空气中自然风干 3 d,然后放入烘箱中烘干至恒重,即得到改性膨胀珍珠岩。

(4) 接着将一定量的胶凝材料(水泥和粉煤灰)、可再生乳胶粉、引气剂、减水剂、纤维素醚、防水材料和水混合,搅拌至纤维素醚完全溶解。

(5) 然后将配置好的混合物放入搅拌机以慢速搅拌均匀。

(6) 最后将搅拌完成后的珍珠岩保温防水砂浆填入三联试模(抗压及体积测试试件模

具尺寸：40 mm×40 mm×160 mm，导热系数测量试件尺寸：300 mm×300 mm×30 mm)后振动并抹平。

6. 实验数据和过程记录

(1) 将相关实验数据记录于表 2-13 中。

表 2-13　膨胀珍珠岩保温防水砂浆制作实验数据记录

时间	操作	现象

(2) 记录实验过程中出现的现象，并分析出现此类现象的原因。

(3) 根据实验过程及产品品质建立实验参数与产品质量的基本关系，并说明改进的方法。

(4) 从不同角度对成型样品拍照，并将照片展示在报告中。

7. 实验操作注意事项

(1) 涂层涂覆一定要平整、均匀。

(2) 实验过程中注意安全。

(3) 各组分含量称量准确。

8. 思考题

(1) 加入减水剂的作用是什么?

(2) 复配防水剂相比单一防水剂有哪些优势?

第3章

建筑防水材料的制作实验

实验 3.1 建筑涂料及其树脂的制备

实验 3.1.1 用于建筑乳胶漆的树脂制备

1. 实验目的与要求

(1) 掌握建筑涂料用丙烯酸酯乳液合成的原理和方法。

(2) 按照要求设计丙烯酸酯乳液的组成与配方。

(3) 熟悉乳液聚合操作。

2. 实验原理

丙烯酸酯乳液是制备高档涂料的主要成膜物质。由于丙烯酸酯单体聚合反应放热量大,凝胶效应出现的早,故工业上一般采用以乳液聚合为主的水分散聚合。为使聚合物在合成中稳定,常采用单体滴加回流反应的半连续法合成工艺。该过程一般分为三个阶段,阶段一为乳胶粒生成阶段;阶段二为乳胶粒长大阶段;阶段三为聚合完成阶段。聚合反应体系一般由水、单体、引发剂和乳化剂四部分组成。聚合分打底合成和滴加合成两部分,反应温度由回流温度控制。

本实验是将丙烯酸酯各单体通过反应形成线性丙烯酸酯大分子链(丙烯酸酯树脂)的操作过程。

丙烯酸酯树脂的玻璃化转变温度由 FOX 公式计算。

$$\frac{1}{T_{g}}=\frac{W_{1}}{T_{g1}}+\frac{W_{2}}{T_{g2}}+\cdots+\frac{W_{n}}{T_{gn}} \tag{3-1}$$

式中 W——单体质量分数;

T_{g}——单体均聚物的玻璃化转变温度(K)。

3. 实验设备、用品与药品

(1) 主要设备及用品。

增力电动搅拌机、加热控温装置、升降台、四(三)口烧瓶、冷凝回流装置、广口瓶、烧杯、量筒、滴液漏斗、滴管、滤网、pH 试纸、天平、反应釜(中试用)。

(2) 主要药品。

甲基丙烯酸甲酯(MMA)、丙烯酸(AA)、甲基丙烯酸(MAA)、丙烯酸乙酯(EA)、丙烯酸丁酯(BA)、十二烷基磺酸钠(SDS)、MS-1 乳化剂、OP 类乳化剂、过硫酸铵[$(NH_4)_2S_2O_8$]、碳酸氢钠($NaHCO_3$)、氨水($NH_3 \cdot H_2O$)、去离子水。

4. 实验项目的配方设计

按给出的应用场合设计符合应用要求的丙烯酸酯树脂配方。

5. 实验操作步骤

(1) 称量各丙烯酸酯单体并混合,称量各乳化剂并混合。

(2) 将一定量的引发剂溶解于一定量的去离子水中。

(3) 将一定量的混合乳化剂溶于一定量的水中,投入四口烧瓶中,开启搅拌。

(4) 升温至 40 ℃,使乳化剂充分溶解;将由一定量的混合单体的 1/5 加入到四口烧瓶中,搅拌混合 20～30 min。

(5) 温度升至 70 ℃时,加入 1/4 引发剂水溶液;继续加热至 80 ℃,当乳液从白色变为蓝色时,停止加热。

(6) 反应自升温至 90 ℃左右,将温度稳定在 80 ℃,维持 30 min。

(7) 把剩余单体通过滴液漏斗滴加到四口烧瓶中,滴加时间为 5～6 h,引发剂的 1/2 在以上时间内滴完。期间用碳酸氢钠水溶液调节体系的 pH。

(8) 升温至 90 ℃,加入剩余的 1/4 引发剂维持温度 30～60 min,以提高其转化率。

(9) 过滤出料。

(10)用氨水调 pH 至 8～9。

实验装置如图 3-1、图 3-2 所示。

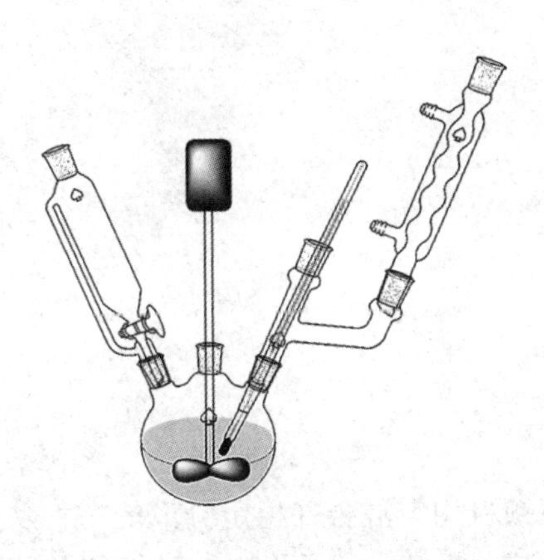

图 3-1　乳液聚合实验装置(烧瓶)

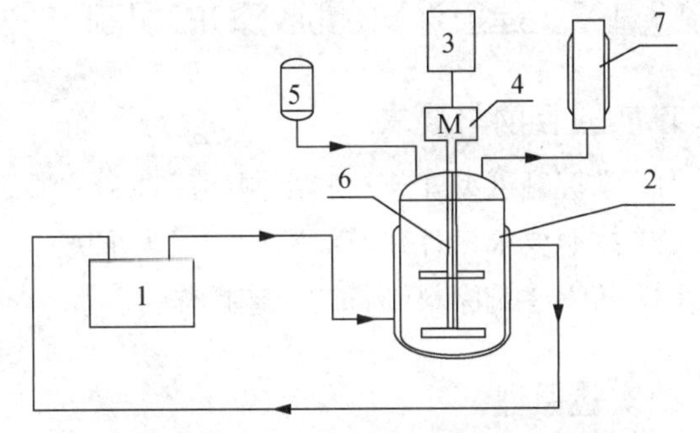

1—恒温水浴槽；2—玻璃夹套反应器；3—调压器；4—电动搅拌；5—加料罐；6—搅拌浆；7—回流冷凝管

图 3-2　乳液聚合实验装置(反应釜)

6. 实验过程记录

实验过程记录于表 3-1 中。

表 3-1　实验过程记录

时间	操作	现象

7. 实验操作注意事项

(1) 控制好每次加入物料的量。

(2) 控制好每次加入物料的时间间隔。

(3) 控制好反应体系的 pH。

(4) 控制好搅拌速率。

(5) 控制合成回流温度。

(6) 出料需要过滤。

8. 思考题

(1) 乳液聚合方法有哪些？各有何特点？

(2) 乳液聚合物的分子量及其分布与哪些因素有关？

(3) 乳液聚合分几个阶段？各反应阶段有何特征？

实验 3.1.2　建筑涂料(乳胶漆)的配制

1. 实验目的与要求

(1) 掌握乳液型建筑涂料配制的原理和方法。

(2) 按照要求设计建筑涂料的组成与配方。

(3) 熟悉建筑涂料制备的工艺操作。

2. 实验原理

乳液型建筑涂料(乳胶漆)一般是将合成乳液与填颜料均匀混合并稳定分散的一种功能性装饰涂料。颜料能增加涂料的色泽并适当地保护漆基；填料能赋予涂料各种性能并降低成本。欲使颜料、填料等稳定地分散在树脂基中，往往需要加入分散剂、润湿剂等助料；欲使涂料具有较好的施工性、抗冻性和抗菌性等性能，一般需加入成膜助剂、流平剂、抗冻剂、杀菌剂及防霉剂等助剂。此外，还需加入消泡剂，以消除涂料中的气泡；增稠剂，增加涂料的黏度等。涂料制备的工艺要点为需将所加粉料研磨至一定细度及所有成分混合均匀。必要时可选用水性色浆。

本实验是通过各种涂料加工设备将各原材料通过加工配合、混合形成产品的操作过程。

3. 实验设备、用品与原料

(1) 主要设备及用品。

SFJ-400 砂磨、分散、搅拌多用机、增力电动搅拌机、升降台、烧杯、天平、砂磨机(中试用)、配漆设备(中试用)。

(2) 主要原料。

分散剂、润滑剂、流平剂、增稠剂、抗冻剂、消泡剂、杀菌剂、防霉剂、填料、颜料、pH 调节剂、乳液。

4. 实验项目的配方设计

按给出的应用场合设计符合应用要求的乳胶漆配方。

5. 操作步骤

(1) 配制色浆、研磨。

将颜料(钛白粉)、分散剂、填料、成膜助剂、消泡剂、抗冻剂及防霉剂等加入去离子水中高速分散 30 min,然后研磨 20 min。

(2) 涂料配制。

将上述研磨料在低速搅拌下加入乳液(pH 事先调至 8 左右)、流平剂、杀菌剂、消泡剂、去离子水及增稠剂等,搅拌 30 min,即成涂料。可加入水性色浆调色。

6. 实验过程记录

实验过程记录于表 3-2 中。

表 3-2　实验过程记录

时间	操作	现象

7. 实验操作注意事项

(1) 物料称量尽量准确。

(2) 高速分散或研磨物料应先给料筒加盖。

8. 思考题

建筑涂料有哪些组分?其作用各是什么?

实验 3.2 防水涂料的制备

实验 3.2.1 聚合物水泥防水涂料的制备

1. 实验目的与要求

(1) 掌握聚合物水泥防水涂料(JS 防水涂料)制备的原理和方法。

(2) 按照要求设计 JS 防水涂料的组成与配方。

(3) 熟悉 JS 防水涂料的制备操作。

2. 实验原理

聚合物水泥防水涂料(JS 防水涂料)为增韧性水泥防水材料,由聚合物乳液与水泥、填料及少量添加剂共同构成。涂膜中高分子链与水泥水化结构构成互贯网络。产品以液料、粉料双组分的形式生产。可根据配方及液料、粉料配比的不同形成分别用于不同建筑部位的 3 种型号产品,分别以Ⅰ型、Ⅱ型、Ⅲ型表示。

聚合物水泥防水涂料的液料、粉料制备均为物理混合过程。要求混合均匀、分散程度高。

本实验是将各原材料通过相关设备的混合形成产品的操作过程。

3. 实验设备、用品与原料

(1) 主要设备及用品。

增力电动搅拌机、升降台、烧杯、广口瓶、粉料混合机、滤网、pH 试纸、天平。

(2) 主要原料。

聚合物乳液、分散剂、润湿剂、消泡剂、增塑剂、杀菌剂、水、普通硅酸盐水泥、碳酸钙、石英粉。

4. 实验项目的配方设计

按给出的应用场合设计符合应用要求的 JS 防水涂料的液料、粉料配方及配比。

5. 实验操作步骤

(1) 液料的制备。

① 准确称量各原料。

② 高速搅拌下在容器中依次加入计量的水、润湿剂、消泡剂及增塑剂等助剂,搅拌混合 15～30 min;然后加入乳液,低速搅拌 20～30 min,制成液料。

(2) 粉料的制备。

① 准确称量各原料。

② 将计量的水泥、碳酸钙及石英粉分别研磨粉碎并在混合机中充分混合均匀,制成粉料。

6. 实验过程记录

实验过程记录于表 3-3 中。

表 3-3　实验过程记录

时间	操作	现象

7. 实验操作注意事项

粉料操作时应佩戴口罩。

8. 思考题

JS 防水涂料在建筑工程中的应用场合有哪些?

实验 3.2.2　聚氨酯防水涂料的制备

1. 实验目的与要求

(1) 掌握聚氨酯防水涂料制备的原理和方法。

(2) 按照要求设计聚氨酯防水涂料的组成与配方。

(3) 熟悉聚氨酯防水涂料的制备操作。

2. 实验原理

聚氨酯是聚氨基甲酸酯的简称,它是由异氰酸酯与羟基化合物加聚反应而成。聚氨酯分子链中除了含有氨基甲酸酯基团,一般还含有醚、酯、脲、缩二脲和脲基甲酸酯等基团。

聚氨酯的硬段部分由异氰酸酯和扩链剂组成,是聚氨酯扩链和交联的反应物,生成的大分子和网状结构决定了涂膜有一定的刚性和硬度。因此,含有苯环的芳香族异氰酸酯制备得到的聚氨酯涂膜比脂肪族异氰酸酯制备的聚氨酯涂膜物理强度高。聚氨酯的软段部分主要由聚醚多元醇和聚酯多元醇等构成。软段相区和硬段相区热力学不相容,通过不同低聚物多元醇、二异氰酸酯制备的聚氨酯涂料的性能也各不相同。通过调节软段部分和硬段部分的比例也可以控制聚氨酯产品的物化性能。因此聚氨酯具有力学性能可调控的优点。聚氨酯产品具有机械强度大、黏结性能好、低温柔性好、耐候性突出、使用寿命长、耐油性好、耐生物老化以及价格适中等优点。

聚氨酯防水涂料一般以双组分形式出现,其中 A(甲)组分是以聚醚多元醇和异氰酸酯

(如 TDI)作为原料来制备的高分子预聚体组分;B组分是由扩链剂、交联剂和填料等组成固化剂组分。A,B两个组分以一定的比例混合涂覆、反应成型制得交联聚氨酯防水涂膜。

本实验是将各原料通过反应、各组分通过混合从而形成终态为交联聚氨酯防水涂膜的产品制备操作过程。

3. 实验设备、用品与原料

(1) 主要设备及用品。

增力电动搅拌机、加热控温装置、升降台、四口烧瓶、广口瓶、滴管、pH试纸、旋片式真空泵、循环水式多用真空泵、真空缓冲装置、反应釜(中试用)。

(2) 主要原料。

聚醚多元醇、二异氰酸酯、催化剂、扩链剂、填料、增塑剂、稀释剂。

4. 实验项目的配方设计

按给出的应用场合设计符合应用要求的聚氨酯防水涂料的A组分和B组分配方。

5. 实验操作步骤

(1) 聚氨酯预聚体组分(A组分)的制备。

① 准确称量各原料并密闭。

② 将各聚醚多元醇置于装有电动搅拌、温度计的四口烧瓶中,搅拌混合并升温。

③ 升温至120 ℃,减压至−0.09 MPa以上,脱水1 h。

④ 降温至75 ℃,一次性加入异氰酸酯,常压控温至85 ℃左右,搅拌反应2～3 h。

⑤ 降温至50 ℃以下,将产物装入瓶中,密封保存。

(2) 固化剂组分(B组分)的制备。

① 将聚醚多元醇、扩链剂和填料分别置于装有电动搅拌、温度计的四口烧瓶中,搅拌混合并升温至110 ℃。

② 待混合均匀后减压至−0.09 MPa脱水1 h。

③ 降温至60 ℃,加入增塑剂、催化剂、消泡剂及稀释剂等,搅拌30 min。

④ 降温出料,密封保存。

6. 实验过程记录

实验过程记录于表3-4中。

表3-4　实验过程记录

时间	操作	现象

7. 实验操作注意事项

减压操作应加强系统的密封性以保证真空度。

8. 思考题

聚氨酯防水涂料在建筑工程中的应用场合有哪些?

实验 3.3　功能性防水涂料的制备

实验 3.3.1　自愈合聚合物水泥防水涂料的制备

1. 实验目的与要求

(1) 掌握自愈合 JS 防水涂料制备的原理和方法。

(2) 按照要求设计自愈合 JS 防水涂料的组成与配方。

(3) 熟悉自愈合 JS 防水涂料的制备操作。

2. 实验原理

自愈合(自闭性)聚合物水泥防水涂料是通过运用渗透结晶技术获得水泥基聚合物防水涂料的自愈合性能。所谓"自愈合(自闭性)",是指当混凝土基层以及防水涂膜出现裂缝时,涂膜在水的作用下,经物理和化学反应使裂缝自行封闭的性能。这个过程是逐渐发生的:首先,渗入的水被涂膜吸收,裂缝附近的防水涂膜产生体积膨胀,使进水通道变窄,抑制了水的侵入。接着,涂膜在涂膜中的活性胶凝剂作用下形成碳酸钙的吸附、固化和堆积,堵塞进水通道,从而使裂缝自行封闭。活性胶凝剂俗称活性母料。

自愈合性能是指试样裂口从有水渗漏时开始记录时间,直到试样裂口处没有水渗漏时再次记录时间;其时间段就表示自愈合性能。自愈合时间越短,自愈合效果越好。

自愈合聚合物水泥防水涂料的液料、粉料制备均为物理混合过程。要求混合均匀、分散程度高。

本实验是通过特殊配方,将各原材料通过相关设备混合形成产品的操作过程。

3. 实验设备、用品与原料

(1) 主要设备及用品。

增力电动搅拌机、升降台、烧杯、广口瓶、粉料混合机、滤网、pH 试纸、天平。

(2) 主要原料。

聚合物乳液、分散剂、润湿剂、消泡剂、增塑剂、杀菌剂、水、普通硅酸盐水泥、碳酸钙、石英粉、活性母料、缓凝剂。

4. 实验项目的配方设计

按给出的应用场合设计符合应用要求的自愈合 JS 防水涂料的液料、粉料配方。

5. 实验操作步骤

(1) 液料的制备。

① 准确称量各原料。

② 高速搅拌下在容器中依次加入计量的水、润湿剂、消泡剂及增塑剂等助剂,搅拌混合 15～30 min,然后加入乳液,低速搅拌 20～30 min,制成液料。

(2) 粉料的制备。

① 准确称量各原料。

② 将计量的水泥、碳酸钙、石英粉、活性母料及缓凝剂等分别研磨粉碎并在混合机中充分混合均匀,制成粉料。

6. 实验过程记录

实验过程记录于表 3-5 中。

表 3-5　实验过程记录

时间	操作	现象

7. 实验操作注意事项

粉料操作时可佩戴口罩。

8. 思考题

在自愈合 JS 防水涂料中活性母料、缓凝剂的作用是什么?

实验 3.3.2　高强度聚氨酯防水涂料制备

1. 实验目的与要求

(1) 掌握高强度聚氨酯防水涂料制备的原理和方法。

(2) 按照要求设计高强度聚氨酯防水涂料的组成与配方。

(3) 熟悉高强度聚氨酯防水涂料的制备操作。

2. 实验原理

高强度聚氨酯防水涂料在反应固化后能够形成无接缝、完整的涂膜防水层。在建筑、交通、客运专线及市政工程中的应用范围日益扩大，使用量逐年上升。高强度聚氨酯防水材料很大程度上提高了建筑工程抗渗防水能力,尤其是其具有耐穿刺能力,在屋顶绿化、地下室外表面种植面等地面工程防水上有很大的发展空间,是一种新型环保型防水材料,其不挥发物含量可高达 98%以上。高强度聚氨酯防水涂料一般以具有特殊组成及配方的双组分形式出现,其中 A(甲)组分是以聚醚多元醇和异氰酸酯(TDI, MDI 等)等作为原料来制备的高分子预聚体组分;B 组分是由扩链剂、交联剂、填料、增塑剂和消泡剂等组成的固化剂组分。A,B 两个组分以一定的比例混合涂覆、反应成型制得交联聚氨酯防水涂膜。

本实验是通过特殊配方及制备工艺将各原料通过反应、各组分通过混合从而形成终态为高交联聚氨酯防水涂膜的产品制备操作过程。

3. 实验设备、用品与原料

(1) 主要设备及用品。

增力电动搅拌机、加热控温装置、升降台、四口烧瓶、广口瓶、滴管、pH 试纸、旋片式真空泵、循环水式多用真空泵、反应釜(中试用)。

(2) 主要原料。

聚醚多元醇、二异氰酸酯、催化剂、扩链剂、填料、增塑剂、消泡剂。

4. 实验项目的配方设计

按给出的应用场合设计符合应用要求的高强度聚氨酯防水涂料的 A 组分、B 组分配方。

5. 实验操作步骤

(1) 聚氨酯预聚体组分(A 组分)的制备。

① 准确称量各原料并密闭。

② 将各聚醚多元醇置于装有电动搅拌、温度计的四口烧瓶中,搅拌混合并升温。

③ 升温至 120 ℃,减压至−0.09 MPa 以上,脱水 1 h。

④ 然后降温至 75 ℃,分批加入异氰酸酯,常压控温至 85 ℃左右,每批次搅拌反应 1~2 h。

⑤ 降温至 50 ℃以下,将产物装入瓶中,密封保存。

(2) 固化剂组分(B 组分)的制备。

① 将聚醚多元醇、扩链剂和填料分别置于装有电动搅拌、温度计的四口烧瓶中,搅拌混合并升温至 110 ℃。

② 待混合均匀后减压至−0.09 MPa 脱水 1 h。

③ 然后降温至 60 ℃,加入增塑剂、催化剂和消泡剂等,搅拌 30 min。

④ 降温出料,密封保存。

6. 实验过程记录

实验过程记录于表 3-6 中。

表 3-6 实验过程记录

时间	操作	现象

7. 实验操作注意事项

脱水操作要保证规定的真空度；必要时应将制备的固化剂组分进行研磨处理。

8. 思考题

高强度聚氨酯防水涂料不采用稀释剂，如何保证施工流动性？

创新实验　瓷砖胶黏剂的制备

1. 创新实验目的与要求

(1) 掌握瓷砖胶黏剂制备的原理和方法。

(2) 根据实际需求提出创新的产品性能设计。

(3) 按照创新要求设计瓷砖胶黏剂的组成与配方。

(4) 熟悉瓷砖胶黏剂的制备操作。

2. 实验原理

瓷砖胶黏剂种类有水泥基、膏状乳液基及反应型树脂胶黏剂,其中水泥基胶黏剂是由水硬性胶凝材料、集料、添加剂等组成的粉状混合物,使用时需用水或其他液体混合物拌和;膏状乳液基胶黏剂是由水性聚合物乳液、添加剂和矿物填料等组成的有机黏合剂,拌和后可直接使用;反应型树脂胶黏剂是由合成树脂、矿物填料和添加剂组成的单组分或多组分混合物,通过化学反应固化的胶黏剂,拌和均匀后使用。

瓷砖胶黏剂的液料、粉料制备均为物理混合过程。要求混合均匀、分散程度高。

本实验是通过特殊配方,将各原材料通过相关设备混合形成各胶黏剂产品的操作过程,可作为“德高杯”贴砖大赛瓷砖胶黏剂的设计制作。

3. 实验设备、用品与药品

(1) 主要设备及用品。

增力电动搅拌机、升降台、烧杯、广口瓶、粉料混合机、滤网、pH 试纸、天平。

(2) 主要原料。

合成树脂、聚合物乳液、水泥、集料、矿物填料、添加剂、水。

4. 实验项目的配方设计

按创新方案给出的胶黏剂种类设计符合创新要求的相应胶黏剂的液料、粉料配方。

5. 实验操作步骤设计

按给出的胶黏剂种类设计符合创新要求的相应胶黏剂的制备操作工艺及步骤。

第4章

建筑节能防水一体化材料的制作

实验4.1　有机防水保温复合板的制备实验

1. 实验目的与要求

(1) 了解保温板和防水材料的种类。

(2) 掌握保温板和防水材料的复合方法。

(3) 掌握防水保温一体化复合板操作工艺。

2. 实验原理

聚苯乙烯泡沫板又称聚苯板(EPS板、XPS板)，其中EPS板是常用的建筑保温材料，是由含有挥发性液体发泡剂的可发性聚苯乙烯珠粒，经加热预发后在模具中加热成型的具有微细闭孔结构的白色固体。通常聚苯板应用于建筑墙体、屋面保温及复合保温板材的保温层。现代建筑外墙对保温性能的标准要求越来越高，对保温板除有保温要求以外，还需具有防水功能。防水保温板的制作方法也是多种多样的，一般都是把保温板用防水卷材或防水涂料进行复合，板材的复合结构根据需要也有诸多差异。

本实验通过在聚苯板上面涂一层有机硅憎水剂，再刷涂或喷涂丙烯酸防水涂料，形成具备防水功能的保温板。

3. 实验设备、用品及原料

烘箱、毛刷、各性能测试装置、聚苯板、有机硅憎水剂、丙烯酸防水涂料。

4. 实验操作步骤

(1) 实验准备。

清理干净聚苯板表面，将聚苯板剪裁成所需尺寸。

(2) 实验过程。

① 有机硅憎水剂涂刷在聚苯乙烯保温板上面，并置于烘干箱中50 ℃烘干。

② 将丙烯酸酯防水涂料均匀地刷涂在憎水处理后保温板的表面，控制在2 mm左右，并置于烘干箱中50 ℃烘干，得到高防水性保温板。

(3) 性能检测。

① 外观检查：目测法检查外观。

② 耐水性测试：把样品板放在水中浸泡一段时间，观察涂层是否有分层、空鼓现象。

③ 导热系数测试：选用合适的导热系数仪完成测试工作。

5. 实验过程记录

实验过程及性能指标记录于表 4-1 中。

表 4.1 实验过程及性能指标

实验过程	干燥时间/s	耐水性	导热系数/[W·(m·K)$^{-1}$]

6. 实验操作注意事项

(1) 涂刷要注意涂层的均匀性。

(2) 注意实验安全。

7. 思考题

(1) EPS 板与 XPS 板的区别是什么?

(2) 请举例说明其他防水保温板的结构。

实验4.2　无机保温防水复合板制备实验

1. 实验目的与要求

(1) 掌握无机防水材料的种类和防水机理。

(2) 掌握无机保温防水复合材料制作的操作过程。

2. 实验原理

无机防火保温板，是一种采用无机材料作为原料研制而成的保温板。这种无机材料保温板具备安全不燃、节能环保、高效隔音的特性。主要包括了泡沫混凝土保温板、珍珠岩保温板、岩棉保温板、发泡陶瓷保温板及发泡玻璃保温板等。与有机保温材料相比，无机防火保温板在生产和使用过程中更加绿色环保，可广泛应用于各建筑领域。

无机铝盐防水剂是以无机铝盐为主体的多种无机盐类复合制成的溶液。把它渗入水泥砂浆中，即可配制成具有防渗、防漏、防潮功能的防水砂浆，形成刚性永久防水层。其防水机理如下：

水泥砂浆在硬化过程中，由于水分蒸发留下许多毛细通道和间隙，水的渗透就是通过这些毛细通道和孔隙进行的，无机铝防水剂掺入水泥砂浆后，即与水泥中的水化生成物发生化学反应，生成氢氧化铝和氢氧化铁等不溶于水的胶体物质，同时还能与水泥中的水化铝酸钙作用，生成具有一定膨胀性的复盐硫铝酸钙晶体。这些胶体和晶体物质堵塞和填充了水泥砂浆在硬化过程中形成的毛细通道和孔隙，从而提高了水泥砂浆防水层的密实性，达到防水抗渗的目的。

本实验以无机保温板为保温材料，在板上刷涂无机防水砂浆(其中以耐碱网格布做加强层)，干燥后即形成防水保温板材。

3. 实验设备、用品及原料

(1) 无机保温板。

(2) 无机铝盐防水剂。

(3) 耐碱网格布。

(4) 毛刷。

(5) 砂浆搅拌机。

(6) 水泥：使用硅酸盐水泥、普通硅酸盐水泥或矿渣硅酸盐水泥，标号不低于32.5 MPa，不同品种、不同标号的水泥不能混合使用。

(7) 砂：采用中砂，质量符合水泥砂浆用砂要求。

(8) 水：用洁净的淡水。

4. 实验操作步骤

(1) 实验准备。

将无机保温板作基板，按需裁剪成一定尺寸，清理表面灰尘，保持表面清洁。

(2) 结合加强层。

用刷子在网格布上均匀刷涂稀黏状的水泥防水剂素浆，其中无机铝盐防水剂的配合比为水泥：水：无机铝盐防水剂 =1：2.20：0.08，厚度以 2 mm 左右为宜，作结合层，以提高防水砂浆与基板的黏合力；在此结合层中铺设耐碱网格布作为加强层。

(3) 防水砂浆层。

以配合比水泥：中砂：水：无机铝盐防水剂 =1：2.5：0.35：0.08 作为防水砂浆，涂刷在结合层未干之前，厚度一般控制在 10 mm 左右。如若需要，可多次涂刷。

(4) 养护。

为了防止砂浆开裂，进行潮湿养护，在保持潮湿条件下养护 7 d，制备完成。

5. 实验过程记录

在实验过程中观察防水砂浆的干燥时间，数据记录于表 4-2 中。

表 4-2 实验过程数据记录

各原料重量/g	实验现象	干燥时间/ min

6. 实验操作注意事项

无机铝盐防水剂使用比例须正确。

7. 思考题

(1) 防水剂有几种类型？请解释其防水机理。

(2) 防水砂浆的种类有哪些？

实验 4.3　隔热保温防水复合材料的制备

1. 实验目的与要求

(1) 掌握隔热保温防水复合材料的制备操作过程。

(2) 了解隔热保温防水复合材料的应用范围。

(3) 掌握隔热保温防水复合材料的不同性能测试方法。

(4) 比较不同隔热保温防水复合材料的性能。

2. 实验原理

防水材料具有防水功能。防水材料品种繁多,按照材料性状划分,防水材料主要有三类:①防水卷材;②聚氨酯防水涂料;③聚合物水泥基防水涂料。这三类防水材料有各自的适用范围和性能特点。

建筑隔热保温涂料,集热辐射阻隔和热反射阻隔性一起。隔热保温涂料中,有些材料具有对可见光和远、中、近红外线及超宽波幅特定波段产生受激辐射的作用,有些材料具有阻隔热辐射和热传导的作用。这两类材料的结合大大地屏蔽了热辐射的传递,使其组成的涂料的辐射传热、传导传热、对流传热和相变换热都产生相应的变化,从而实现夏天隔热、冬天保温的功能。

为了防止防水材料经阳光直射产生温度过高、隔热效果较差等问题,在现有的防水材料表面增加隔热保温层,使得防水材料不仅具有防水功能,而且还具有反射太阳光的功能,可达到良好的隔热效果。

3. 实验设备、用品及原料

(1) 实验设备。

电动搅拌机、搅拌桶、塑料刮板、涂膜涂布器、旋转涂膜器、导热系数测试仪、鼓风干燥箱、温差测试仪和黏度计。

(2) 实验用品及原料。

玻璃板、洗涤剂、去离子水、聚氨酯防水涂料(或聚合物水泥基防水涂料)、毛刷、防水卷材和隔热保温涂料。

4. 实验操作步骤

(1) 隔热保温防水涂膜的制备过程。

① 玻璃基板的清洗:玻璃基板用温热的非离子型洗涤剂水溶液彻底洗涤,然后反复用温热的蒸馏水将基板彻底洗净,一般可采用肥皂水洗涤。洗净的基板通过自然挥发干燥或用低温加热除去冷凝湿气。干燥而洁净的玻璃板应置于干燥器内,随用随涂,当天用完。

② 防水涂膜的制备:涂刷前,聚氨酯防水涂料或聚合物水泥基防水涂料按规定的配比称量混合,将涂料搅拌均匀充分搅拌。然后按产品标准规定选用下列方法之一制备涂膜,防

水涂膜厚度一般为1.5～2.0 mm。

a. 刷涂法。将试样稀释至适当黏度或产品标准规定的黏度，用毛刷在玻璃基板上，快速均匀地沿纵横方向涂刷，使其成一层均匀的涂膜，不允许有空白或溢流现象。涂刷好的样板进行干燥。一般实验室用器具为狼毛刷。此法通过控制刷涂量来控制涂膜厚度。

b. 涂膜刮涂法。将基板放在平台上，并予以固定。按产品规定的湿膜厚度，选用适宜间隙的漆膜制备器，将其放在其基板的一端，制备器的长边与基板的短边大致平行或放在基板规定的位置上，然后在制备器的前面均匀地放上适量防水，握住制备器，用一定的向下压力并以150 mm/s的速度均速滑过基板，即涂布成需要厚度的湿膜。

c. 旋转涂膜法。采用旋转涂膜器制备均匀的漆膜。将基板固定在涂漆器的样板架上，在仪器上选定旋转时间(s)及转速(r/min)，再将调整至合适黏度的涂料沿底板纵向的中心线成带状注入，其量约占底板面积的1/2，迅速盖上盖子，启动电机，待涂膜器自动停止转动后，方可打开盖子，取出基板并进行干燥。此法通过控制试样的黏度、仪器的转速及旋转时间来制得一定厚度的涂膜。涂料黏度越低、转速越快、旋转时间越长，制得的涂膜厚度越薄，反之越厚。

除另有规定外，按上述方法制备的防水涂膜按产品标准规定的时间进行干燥。

③ 隔热保温防水复合涂膜的制备：在已制得的防水涂层上面采用刷涂法或涂膜刮涂法、旋转涂膜法将隔热保温涂料制成涂层，用常温干燥或者高温快速干燥，干燥温度和时间按照隔热保温涂料产品标准规定的时间。隔热保温涂层的厚度控制根据实际隔热需要，最后制备得到隔热保温防水复合涂层。

(2) 隔热保温防水卷材的制备过程。

① 涂布前的准备：隔热保温涂料分散均匀(无沉淀即可)，施工过程中不间断搅拌，确保涂料均匀。涂布工具干净干燥，不可沾有水或者其他物质，否则会影响涂料功效，甚至可能报废。

② 防水卷材裁剪成一定尺寸大小，保持卷材表面干净干燥。

③ 刷涂法。采用软硬适中的毛刷将隔热保温涂料涂刷在防水卷材上，快速均匀地沿纵横方向涂刷，使其成一层均匀的涂膜，然后用常温干燥或者高温快速干燥，干燥温度和时间按照隔热保温涂料产品标准规定的时间。可采用反复涂刷干燥，隔热保温涂层的厚度控制根据实际隔热需要，一般控制在1.5 mm左右。

(3) 性能测试。

① 外观检查：目测法检查外观。

② 黏度测试：涂料黏度的具体测定方法按《涂料粘度测定法》(GB/T 1723—1993)的规定进行。

③ 涂膜厚度：测厚仪测涂膜厚度。

④ 耐水性测试：把样品板放在水中浸泡一段时间，观察涂层是否有分层、空鼓现象。

⑤ 涂料的导热系数测试：选用合适的导热系数仪测试。

⑥ 涂膜节能降温实验：利用温差测试仪测定。

5. 实验过程记录

实验过程及性能指标记录于表 4-3 中。

表 4-3　实验过程及性能指标

原料	实验过程	黏度/(Pa·s)	涂膜厚度/mm	耐水性	温差/℃	导热系数/[W·(m·K)$^{-1}$]

6. 实验操作注意事项

(1) 一定要充分剧烈搅拌。

(2) 操作时气温应在 5 ℃以上,注意通风。

(3) 制备过程中不允许手指与基板表面直接接触,以免留下指印,影响涂膜性能的测试。

(4) 卷材严禁接近火源和热源,避免与化学介质和有机溶剂等有害物质接触。

7. 思考题

(1) 解释隔热保温涂料的机理。

(2) 比较不同隔热保温防水复合材料的性能。

实验 4.4　保温装饰一体化材料的制备实验

1. 实验目的与要求

(1) 掌握保温装饰一体化的概念及结构。

(2) 掌握保温装饰一体板的基本操作过程。

(3) 掌握保温装饰一体板的性能指标要求。

2. 实验原理

现有瓷砖饰面的建筑物墙体保温工程，一般由多道工序组成，施工时需要先进行保温层的施工，再进行瓷砖饰面层的施工。上述施工方式不仅延长了施工工期，而且瓷砖饰面层现场施工时质量不好控制，由于瓷砖饰面与保温层分开施工容易形成分层而发生部分瓷砖开裂、脱落等事故，影响瓷砖饰面的使用寿命，安全性差。

瓷砖保温装饰一体板是一种新型外墙保温材料，具有装饰美观大方、耐用、有防水效果等一系列优点，避免传统施工工艺复杂等缺点，性能稳定，因而有着广泛应用。瓷砖保温装饰一体板由装饰面板和保温材料组成，常用的装饰面板有硅酸钙板、金属板、薄瓷砖等，常用的保温材料有各种无机或有机保温板等。

本实验选用的保温材料为发泡陶瓷板(图 4-1)，是一种无机保温材料，具有防火阻燃、变形系数小、抗老化、性能稳定、生态环保以及可与建筑物同寿命等优点。

实验制备的瓷砖保温装饰板的结构分为三层，中间一层是保温发泡陶瓷材料，上面一层是薄瓷砖，下面是玻纤板做防护底层，通过胶黏层复合成一体(图 4-2)。瓷砖保温装饰一体板上墙时直接通过黏结砂浆黏结即可，无须进行烦琐的界面处理，与墙黏结牢固。

图 4-1　保温装饰一体板

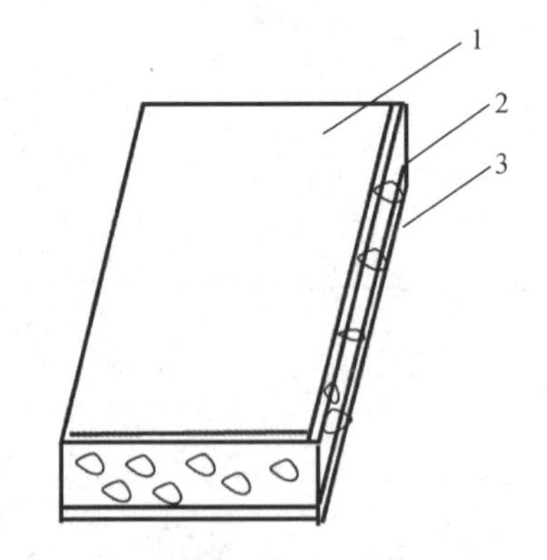

1—瓷砖；2—保温材料；3—防护底层

图 4-2　瓷砖保温装饰一体板结构示意

3. 实验设备、用品及原料

6 mm 厚薄瓷砖、50 mm 厚发泡陶瓷板、3 mm 厚玻镁板、双组分聚氨酯胶、毛刷、万能材料试验机、导热系数测试仪、不透水测定仪。

4. 实验操作步骤

(1) 实验准备。

① 瓷砖粘贴面应保持干净干燥,无须泡水。

② 瓷砖和发泡陶瓷板剪裁成所需尺寸。

(2) 实验过程。

① 将双组分聚氨酯胶按规定配比均匀混合,采用刷涂的方式涂刷在预先准备好的发泡陶瓷板的上表面和下表面。

② 将同发泡陶瓷板尺寸大小一致的薄瓷砖对齐铺贴在涂过胶层的发泡陶瓷板的上表面。

③ 将同发泡陶瓷板尺寸大小一致的玻镁板对齐铺贴在涂过胶层的发泡陶瓷板的下表面。

④ 常温 12 h 后,即制得薄瓷砖保温装饰复合板。

(3) 性能测试。

① 黏结强度测试:影响瓷砖保温装饰复合板耐久性、安全性的主要因素为面板与保温材料之间的拉伸黏结强度。根据《保温装饰板外墙外保温系统材料》(JG/T 287—2013)要求,Ⅰ型保温装饰一体板拉伸黏结强度实验过程中,原强度与耐水强度均应≥0.1 MPa,并且破坏发生在保温材料中。

制备 50 mm×50 mm×59 mm 的试块 12 块,分为 2 组。第 1 组试块采用高强度黏结剂与金属块黏结后测试其拉伸黏结强度。第 2 组在浸水 2 d 后,从水中取出并擦拭表面水分后,在标准环境下放置 7 d,测试其拉伸黏结强度,检验是否符合《保温装饰板外墙外保温系统材料》(JG/T 287—2013)。

② 不透水性:采用不透水测定仪测定。

③ 导热系数:用合适的导热系数仪完成测试工作。

5. 实验过程记录

实验过程记录于表 4-4 中。

表 4-4　实验过程记录

实验时间	实验过程	实验现象

瓷砖保温装饰一体板性能指标见表 4-5。

表 4-5　瓷砖保温装饰一体板的性能指标

项目	原始数据或结果
原拉伸黏结强度/MPa	
耐水拉伸黏结强度/MPa	
不透水性	
导热系数/[W·(m·K)$^{-1}$]	

6. 实验操作注意事项

(1) 操作时气温应在 5 ℃以上,注意通风。

(2) 要注意实验防护和实验安全。

7. 思考题

发泡陶瓷保温板的性能特点是什么?

第5章

建筑节能材料的性能测试实验

实验5.1 保温材料热工性能检测

1. 实验目的与要求

(1) 了解导热系数、热阻、传热系数的概念。

(2) 掌握保温材料导热系数、热阻、传热系数测定的原理和方法。

(3) 熟悉操作。

2. 实验原理

导热系数是指在稳定传热条件下，1 m厚的材料其两侧表面的温差为1 K，在单位时间内通过单位面积传递的热量。物理意义上的导热系数是组成与结构相同的单一物质导热能力的表征。导热能力越低，保温材料保温效果越好。热阻 R 指的是当热量在物体上传输时，在物体两端温度差与热源的功率之间的壁纸表征围护结构本身或其中某层材料阻抗传热能力的物理量。传热系数是指在稳定传热条件下，围护结构两侧空气温差为1度(K或℃)，1h内通过1 m^2 面积传递的热量。单层结构，热阻 R 与导热系数 λ 存在 $R=d/\lambda$ 的关系(d 为厚度)，传热系数 K 与传热阻 R_0 互为倒数关系。《绝热材料稳态热阻及有关特性的测定 防护热板法》(GB/T 10294—2008)和《绝热材料稳态热阻及有关特性的测定　热流计法》(GB/T 10295—2008)是测试膨胀聚苯乙烯(EPS)、挤出聚苯乙烯(XPS)、硬质酚醛泡沫制品(PF)以及聚氨酯(PU)等坚硬泡沫保温材料的热工性能的常用方法。本实验参考《绝热材料稳态热阻及有关特性的测定 热流计法》(GB/T 10295—2008)用热流计法测试导热系数、热阻和传热系数。

热流法导热仪的工作原理是将待测材料置于两块平板之间，平板间维持一定的温度梯度。通过平板上两个高精度的热流传感器，测量进入与穿出材料的热流。在系统达到平衡状态的情况下，热流功率为常数，在样品的测量面积与厚度已知的情况下，使用傅里叶传热方程可以计算。

$$
\begin{aligned}
\lambda &= \frac{qd}{A\Delta T} \\
R &= \frac{d}{\lambda} \\
R_0 &= R_i + R + R_e \\
K &= \frac{1}{R_i + R + R_e}
\end{aligned}
\tag{5-1}
$$

式中 λ——导热系数[W/(m·K)]；

R——热阻[(m^2·K)/W]；

R_0——传热阻[(m^2·K)/W]；

K——传热系数[W/(m^2·K)]；

q——通过样品的热流功率(W)；

d——样品厚度(m)；

A——传热面积(m^2)；

ΔT——冷热板间的温差(K)；

R_i——围护结构内表面换热阻[(m^2·K)/W]，一般取 0.11；

R_e——围护结构外表面换热阻[(m^2·K)/W]，一般取 0.04。

3. 实验设备与试样

(1) 实验设备。

热流法导热仪 HFM 446 Lambda、游标卡尺、测厚仪。

(2) 试样。

2 块 200 mm×200 mm×20 mm 的 EPS 板(XPS 板或 PF 板或 PU 板等)。

4. 实验操作步骤

(1) 样品在(23±2) ℃、相对湿度(50±5)%的环境下至少调节 16 h；测量试件尺寸。

(2) 打开水浴的主机开关和制冷开关；打开仪器主机；打开 Proteus 软件，打开 Smart Mode Measurement 进入软件主界面，软件自动与仪器进行连接，通信后进入测量界面。

(3) 打开炉体，按向上的按钮将上板提升，放入样品，再按向下的按钮将上板下降，上板与样品接触到一定程度后将自动停止下降。关上炉体。在测量软件中点击“向导”菜单下的“导热系数测定”。

(4) 输入“基本信息”“样品描述”“测试点”“运行参数”后，颜色由红色变为绿色，点击“开始”按钮进行测试。

(5) 测试完成后，数据会自动保存在存储路径下，文件后缀为.ngb-sh1。

5. 实验数据和结果

实验数据和结果记录于表 5-1 中。

表 5-1 实验数据和结果

项目	面积/mm^2	d/mm	平均温度/℃	温差/℃	导热系数/[W·(m·K)$^{-1}$]	热阻/[(m^2·K)·W^{-1}]	传热系数/[W·(m^2·K)$^{-1}$]
试样 1							
试样 2							

6. 实验操作注意事项

(1) 厚度的测试。在输入样品相关信息时一般选择“使用测厚仪”，由仪器内部 LVDT

进行检测，也可以在选择外部测量后，在“用户定义厚度”中输入。

(2) 导热系数测试时的密度值和质量相对不重要，在输入样品相关信息时，仅用于打印显示，不影响测试结果。

(3) 输入测试的温度点时，温度点的次序必须由低温到高温。

(4) 常见保温材料测试制备试件的温差、平均温度及状态调节时间见表 5-2。

表 5-2　试件的温差、平均温度及状态调节时间

<table>
<tr><th>材料</th><th>温差/℃</th><th>平均温度/℃</th><th>状态调节时间</th></tr>
<tr><td>EPS 板</td><td>15～20</td><td>25±2</td><td>16 h</td></tr>
<tr><td>XPS 板</td><td>15～25</td><td>10,25</td><td>不少于 16 h</td></tr>
<tr><td>PF 板</td><td>—</td><td>10±2,25±2</td><td>不少于 88 h</td></tr>
<tr><td>PU 泡沫塑料</td><td>23±2</td><td>10,23</td><td>不少于 48 h</td></tr>
<tr><td>外墙外保温泡沫陶瓷</td><td>—</td><td>25±2</td><td>—</td></tr>
<tr><td>喷涂硬质聚氨酯泡沫塑料</td><td>15～20</td><td>23±2</td><td>不少于 48 h</td></tr>
<tr><td>建筑保温砂浆</td><td>—</td><td>25</td><td>—</td></tr>
<tr><td>膨胀珍珠岩绝热制品</td><td>—</td><td>25±2,350±5</td><td>—</td></tr>
<tr><td rowspan="3">泡沫玻璃</td><td rowspan="3">—</td><td>35</td><td rowspan="3">至少 1 d</td></tr>
<tr><td>25</td></tr>
<tr><td>−40</td></tr>
</table>

注：“—”是指标准未明确提示，符合其他相关标准和设备要求进行测试。

7. 思考题

(1) 导热系数有哪些影响因素？

(2) 导热系数、热阻如何影响保温材料的绝热性能？

(3) 热阻、导热系数、传热系数之间有什么关系与区别？

实验 5.2　绝热材料温差性能检测

1. 实验目的与要求

(1) 掌握绝热材料隔热性能(温差)的测试方法。

(2) 熟悉测试仪的操作。

2. 实验原理

测试仪两边独立的红外灯和温度测量电路,将不同绝热材料分别放入两边样品架加热,通过红外灯加热一定时间,测试箱温度上升,将加热后的温度值减去测试开始时的温度值得到温差数据,两边温差对比测试,直观体现隔热膜等绝热材料的隔热性能。

3. 实验设备与试样

(1) 实验设备。

LS300 隔热膜温度测试仪(图 5-1)。

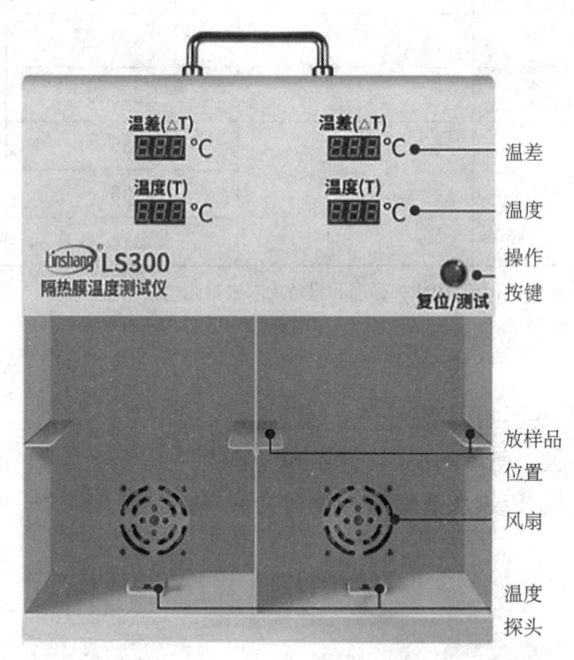

图 5-1　隔热膜温度测试仪

(2) 试样。

200 mm×160 mm 的空白试样(或空白玻璃板等);若干 200 mm×160 mm 的绝热材料试样(如涂覆隔热膜玻璃板等)。

4. 实验操作步骤

(1) 插上仪器电源,将两块测试样品分别放入 LS 300 的左、右测试箱中。此时“温差”数

据为零并闪烁，“温度”数据显示为测试箱中的实际温度。

(2) 按“复位/测试”键，两盏红外灯一起点亮，测试开始，左、右测试箱的温度开始上升。

(3) 1 min 后，测试结束，红外灯熄灭，测试箱的左、右两侧温度数码管对应显示测试结束后的温度值，温度数据显示测试过程中温度的上升值。该结果数据一直保持不变，直到按键复位此数据。

5. 实验数据和结果

实验数据和结果记录于表 5-3 中。

表 5-3　实验数据和结果

项目	空白试样	试样 1	试样 2	试样 3
温差/℃				

6. 实验操作注意事项

(1) 测试完成后，风扇会自动启动，用于降温，4 min 后风扇停止。

(2) 完成一次测试，测试数据会保持不变，需要再次按下“复位/测试”键来复位温差和温度数据。复位后，温差数据归零并闪烁，显示的温度数据为测试箱内的实际温度。

(3) 温差数据显示的上升值为测试后的温度值减去测试开始时的温度值。

7. 思考题

(1) 隔热材料与保温材料的区别与联系是什么？

(2) 温差的大小与绝热材料隔热性能之间的关系是什么？

实验 5.3 泡沫保温材料孔隙结构检测

1. 实验目的与要求

(1) 了解泡沫保温材料孔隙结构对保温材料的影响。

(2) 掌握泡沫保温材料孔隙结构测定的原理和方法。

(3) 熟悉操作。

2. 实验原理

泡沫保温材料有很多优异的物理化学性能,其保温隔热性能、力学性能等都与其孔隙结构有较大联系,孔隙结构又由很多个孔单元所组成,孔单元的性能影响泡沫材料的性能。本实验将泡沫保温材料切成薄片,通过光学显微镜观察孔隙结构孔单元的孔径大小、形状以及孔单元均匀等情况。其孔径大小的测定可以参考《硬质泡沫塑料吸水率的测定》(GB/T 8810—2005)中平均泡孔直径的测定。

3. 实验设备与试样

(1) 实验设备。

SZMN 系列体视显微镜。

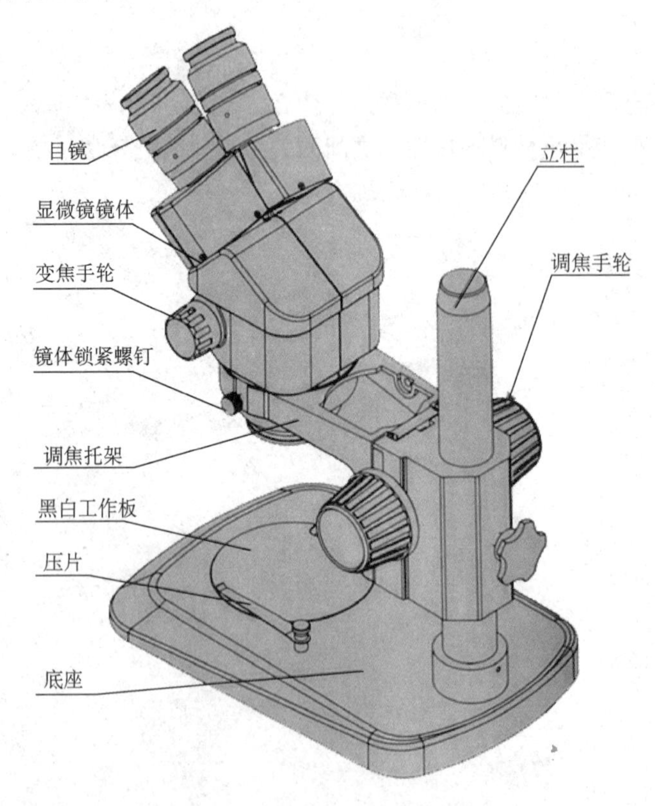

图 5-2 SZMN 系列体视显微镜

(2) 试样。

50 mm×50 mm×1 mm 泡沫保温材料(如 PU 发泡板、PS 发泡板等)。

4. 实验操作步骤

(1) 黑白工作板使用。通常将黑白工作板黑的一面朝上,作为背景,提高图像的对比度。

(2) 调焦机构松紧度调节。调节调焦机构的松紧度,用手握住其中一只手轮,通过旋转另外一只手轮,将调焦机构的松紧度调整合适。

(3) 样品放置。将样品放置在黑白工作板的中间(如有必要用压片压住样品),用照明灯照亮标本。

(4) 视度调节及调焦。

① 旋转变焦手轮到最大倍率。

② 将左、右目镜上的视度调节环旋至 0 刻度线位置。

③ 通过右边的目镜观察,如果像不清晰,旋转调焦手轮使样品清晰。

④ 旋转变焦手轮到最小倍率。

⑤ 通过右边的目镜观察,如果像不清晰,旋转右目镜视度调节环使样品成像清晰。

⑥ 再旋转变焦手轮到最大倍率,通过右边的目镜观察,如果图像不清晰,可重复以上步骤③～⑤,使视度调节更精确。

⑦ 旋转变焦手轮到最小倍率,通过左边的目镜观察,如果图像不清晰,旋转左目镜视度调节环使图像清晰。

(5) 观察泡沫保温材料孔隙结构孔单元的孔径大小、形状以及孔单元分布情况。

5. 实验数据和结果

实验数据和结果记录于表 5-4 中。

表 5-4　实验数据和结果

项目	大小/mm	形状	孔单元分布
试样			

6. 实验操作注意事项

从试样上任意切割试片,其厚度应小于单个泡孔的直径,保证影像不因孔壁重叠而被遮住,最佳切片厚度应随发泡材料的平均泡孔尺寸而定,以较小的泡孔直径作为切片厚度。

7. 思考题

(1) 孔隙结构对材料性能有何影响?

(2) 孔隙结构的影响因素有哪些?

实验 5.4　泡沫保温材料表观密度测定

1. 实验目的与要求

(1) 了解表观密度的概念。

(2) 掌握泡沫保温材料表观密度测定的原理和方法。

(3) 熟悉泡沫保温材料表观密度测定的操作流程。

2. 实验原理

表观密度是指材料的质量与表观体积之比。表观体积是实体积加闭口孔隙体积加开口孔隙体积。一般直接测量体积,对于形状非规则的材料,可用蜡封法封闭孔隙,然后再用排液法测量体积。膨胀聚苯乙烯(EPS)、硬质酚醛泡沫制品(PF)、聚氨酯(PU)等坚硬泡沫保温材料的表观密度的测定可参考《泡沫塑料及橡胶 表观密度的测定》(GB/T 6343—2009),表观密度=m(实体)/V(实体+闭口孔隙+开口孔隙)。

3. 实验设备与试样

(1) 实验设备。

电子天平(精度为 0.1%)、游标卡尺(精度 0.02 mm)。

(2) 试样。

5 块(100 ±1) mm×(100±1) mm×(50±1) mm 的 EPS 板(PF 板或 PU 板等)。

4. 实验操作步骤

(1) 在标准环境(23±2) ℃、相对湿度(50±10) %或干燥环境(干燥器中)下至少调节 16 h。

(2) 尺寸测量。每个尺寸测量至少 5 个位置,为了得到一个可靠的平均值,测量点尽可能分散。分别计算 5 个试件的体积。

(3) 质量测量。分别称取 5 个试样的质量,单位为 g,精确到 0.5%。

5. 实验数据和结果

取 5 块试板测量结果的算术平均值作为最终结果(表 5-5),结果应精确至 0.1 kg/m^3。

表 5-5　实验数据和结果

项目	试样 1	试样 2	试样 3	试样 4	试样 5
体积/mm^3					
质量/g					
密度/(kg·m^{-3})					
密度平均值/(kg·m^{-3})					

6. 实验操作注意事项

(1) 制取试样应从来样的不同部位裁切，且不得位于边缘位置，裁切时不得改变其原始泡孔结构。

(2) 测量厚度时，卡尺与试件宜为点接触。

(3) 常见泡沫塑料制品密度测试制备试件的尺寸、数量及标准养护条件下的状态调节时间见表 5-6。

表 5-6　试件的尺寸、数量及状态调节时间

泡沫塑料板	试件尺寸	试件数量	状态调节时间
EPS 板	100 mm×100 mm×50 mm	3 个	16 h
PF 板	100 mm×100 mm×原厚	5 个	7 d
硬质 PU 泡沫塑料	100 mm×100 mm×50 mm	5 个	不少于 48 h

7. 思考题

(1) 材料是否含水对于测定表观密度有无影响?

(2) 密度、表观密度与堆积密度之间的区别与关系是什么?

实验 5.5 隔热涂料太阳光反射比和近红外反射比检测

1. 实验目的与要求

(1) 了解太阳光反射比和近红外反射比的概念。

(2) 掌握建筑反射隔热涂料太阳光反射比和近红外反射比测定的原理和方法。

(3) 熟悉操作。

2. 实验原理

热反射涂料可形成对太阳的热辐射具有高反射率的涂层,能降低暴露在太阳辐射热下的装备表面的温度,从而阻止热能传导。太阳光反射比、近红外反射比是评价热反射性能重要的技术指标。太阳光反射比为在 300～2 500 nm 可见光和近红外波段反射与同波段入射的太阳辐射通量的比值。近红外反射比为在 780～2 500 nm 近红外波段反射与同波段入射的太阳辐射通量的比值。可参考《建筑反射隔热涂料》(JG/T 235—2014)测量不同波长的反射比。根据太阳光在热射线波长范围内的相对能量分布,通过加权平均的方法计算材料在一定波长范围内的太阳光反射比和近红外反射比。

3. 实验设备与试样

(1) 实验设备。

分光光度计或光谱仪(波长范围在 300～2 500 nm 或以上,最小波长间隔应为5 nm,波长精度不低于 1.6 nm,光度测量准确度为±1%)。元件组成:

① 积分球。内径不应小于 60 mm,内壁应为高反射材料。

② 标准白板。压制的硫酸钡或聚四氟乙烯板,用于基线校准。

(2) 试样。

3 块 40 mm×40 mm×1 mm 喷涂隔热涂料的铝板。

4. 实验操作步骤

(1) 试样准备。

① 样品准备。产品未明示稀释比例时,应搅拌均匀后制板。有明示稀释比例时,应按明示稀释比例加水或溶剂搅拌均匀后制板。当明示稀释比例为某一范围时,应取其中间值。

② 试板制备。将步骤①中准备的样品刮涂或喷涂在铝合金板表面,应保证涂膜表面平整,无明显气泡、裂纹等缺陷。溶剂型产品最终干膜厚度不应低于 0.10 mm,水性产品不应低于 0.15 mm。试板在温度(23±2) ℃、相对湿度(50±5)%的条件下养护 168 h。

(2) 开机预热至稳定。

(3) 设置仪器参数,使用仪器配备的标准白板进行基线校准。

(4) 移开白板,将试板紧贴积分球放置于白板所在的位置,关闭仪器样品仓盖,然后进行测试。

5. 实验数据和结果

取 3 块试板测量结果的算术平均值作为最终结果(表 5-7),结果应精确至 0.01。

表 5-7 实验数据和结果

项目	试样 1	试样 2	试样 3	平均值
太阳光反射比/%				
近红外反射比/%				

6. 实验操作注意事项

注意先测定标准白板的绝对光谱反射比,记忆在仪器中最为基准的光谱线,再测定试样相对于标准白板的光谱反射比。

7. 思考题

(1) 建筑反射隔热涂料的定义是什么?

(2) 试述太阳光反射比和近红外反射比对隔热涂料隔热性能的影响。

实验 5.6 隔热涂料光透过率性能检测

1. 实验目的与要求

(1) 了解隔热涂料光透过率的概念。

(2) 掌握隔热涂料光透过率测定的原理和方法。

(3) 熟悉操作。

2. 实验原理

玻璃隔热涂料在不影响玻璃采光的前提下,夏季达到节能降温效果,冬季达到节能保温效果。光学透过率测试原理是采用紫外光源、红外光源和可见光源照射被测透明物质,感应器分别探测三种光源的入射光强和透过被测透明物质后的光强,透过光强与入射光强的比值即透过率,用百分数表示。

3. 实验设备与试样

(1) 实验设备。

LS183 光学透过率测试仪(紫外线峰值波长为 365 nm,可见光 380～760 nm 全波长,红外线峰值波长 940 nm)。

(2) 试样。

200 mm×160 mm 的空白玻璃板、若干 200 mm×160 mm 的涂覆不同玻璃隔热涂料的玻璃板。

4. 实验操作步骤

(1) 接上 5 V 电源,打开测试仪的电源开关。仪器首先进行自测试和自校准,自校准完成以后,紫外透过率、红外透过率、透光率都显示为 100%,表示无被测物时的透过率为“100%”。

(2) 将被测试物放入测试槽内。LCD 上分别显示被测物的紫外透过率、红外透过率和透光率,并记录。

5. 实验数据和结果

实验数据和结果记录于表 5-8 中。

表 5-8 实验数据和结果

项目	紫外透过率/%	红外透过率/%	透光率/%
空白试样			
试样 1			
试样 2			
试样 3			

6. 实验操作注意事项

(1) 仪器接上专用电源,保持测试槽内为空,打开仪器开关。

(2) 开机时仪器自测试和自校准,测试槽内一定要为空,否则不能完成自校准。

(3) 避免与腐蚀性物品接触,远离高温高湿的环境。

(4) 长时间连续使用时,由于 LED 光源发光效率的原因,可能导致测试数据在无测试物时不能显示为三个"100%",此时关闭仪器的电源,重新开机自检和自校准,不影响测量精度和正常使用。

(5) 仪器不使用时,需关闭电源。

7. 思考题

(1) 玻璃隔热涂料的作用是什么?

(2) 透明隔热涂料应用范围包括哪些?

实验 5.7 隔热涂料半球发射率检测

1. 实验目的与要求

(1) 了解半球发射率的概念。

(2) 掌握建筑反射隔热涂料半球发射率测定的原理和方法。

(3) 熟悉操作。

2. 实验原理

半球发射率为热辐射在半球方向上的辐射出射度与处于相同温度的全辐射体(黑体)的辐射出射度的比值,是固体材料一个重要的物理性能参数,它体现了材料在特定温度下相对黑体的辐射能力。参考《建筑反射隔热涂料》(JG/T 235—2014)中辐射计法测定隔热涂料半球发射率,其原理为加热探测器内的热电堆,使探测器和试板之间产生温差。该温差与试板的发射率呈线性关系,通过比较高、低发射率标准板与试板表面温差的大小,得出试板的发射率。

3. 实验设备与试样

(1) 实验设备。

便携式辐射计(辐射率仪/半球反射率测试仪)。元件组成:

① 差热电堆式辐射能探测器。由可控加热器、高发射率探头元件和低发射率探头元件构成,可控加热器应能保证探测器温度高于试板温度或标准板温度。发射率探头元件应能产生与温差成比例关系的输出电压。探测器重复性应为±0.01。

② 读数模块。读数模块应与差热电堆式辐射能探测器相连,用于处理热电堆输出信号。读数模块数显分辨率应为 0.01。

③ 热沉。热沉用于放置试板和标准板,热沉应导热良好,能使试板和标准板温度稳定一致。

④ 标准板。由低发射率抛光不锈钢标准板和高发射率黑色标准板组成。

(2) 试样

3 块 100 mm×80 mm×1 mm 喷涂隔热涂料的铝板。

4. 实验操作步骤

(1) 试样准备。

① 样品准备。产品未明示稀释比例时,应搅拌均匀后制板。有明示稀释比例时,应按明示稀释比例加水或溶剂搅拌均匀后制板。当明示稀释比例为某一范围时,应取其中间值。

② 试板制备。将步骤①中准备的样品刮涂或喷涂在铝合金板表面,应保证涂膜表面平整,无明显气泡、裂纹等缺陷。溶剂型产品最终干膜厚度不应低于 0.10 mm,水性产品不应低于 0.15 mm。试板在温度(23±2) ℃、相对湿度(50±5)%的条件下养护 168 h。

(2) 开启电源,仪器预热至稳定。

(3) 将高、低发射率标准板置于热沉上，探测器分别放在高、低发射率标准板上 90 s，通过微调使读数与标准板的标示值一致，再重复一遍此步骤。

(4) 将试板置于热沉上 90 s，然后将探测器放在试板上直至读数稳定，即为测量结果。

5. 实验数据和结果

取 3 块试板测量结果的算术平均值作为最终结果(表 5-9)，结果应精确至 0.01。

表 5-9　实验数据和结果

项目	试样 1	试样 2	试样 3	平均值
半球发射率/%				

6. 实验操作注意事项

(1) 将发射率参比试样置于热沉上，再将辐射探测器放到参比试样上，通过微调应使仪表读数等于参比试样值。

(2) 将被测试样置于热沉上，再将辐射探测器放到被检测试样表面上，辐射探测器稳定的读数即为被测试样的发射率。此过程应至少进行 3 次。

7. 思考题

半球发射率与隔热涂料的隔热性能有什么关系？

第6章

建筑防水材料的性能测试实验

实验 6.1 水性树脂(乳液)的性能测定

实验 6.1.1 乳液稳定性测定

1. 实验目的与要求

(1) 了解乳液稳定性测定是检验乳液对 pH、钙离子及在稀释作用下稳定与否的检测与评价。

(2) 掌握乳液稳定性测定的原理和方法。

(3) 熟悉操作。

2. 实验原理

通过对乳液耐酸、耐碱作用的观察,可测定其 pH 稳定范围,表明乳液的 pH 稳定性。钙离子对乳液的干扰,可反映出乳液对离子(阳离子)抵抗能力的大小,根据其电荷的稳定性及是否破乳而确定其离子的稳定性,称为钙离子稳定性。乳液在浓度很低的情况下可能产生不稳定,使双电荷层破坏,而造成稀释稳定性。

3. 实验设备、用品与药品

试管、滴管、天平、2.5%HCl 溶液(pH=1)、饱和 Na_2CO_3 溶液(pH=11)、5%$CaCl_2$ 溶液、去离子水、pH 试纸、合成乳液试样若干。

4. 实验操作步骤

(1) pH 稳定性的测定。

取两个试管分别加入 5 mL 待测乳液试样,向两个试管中分别逐滴加入酸溶液和碱溶液,并激烈摇动,直至有凝聚现象出现为止。测定被测乳液凝聚时的 pH。观察乳液稳定性变化情况,找出能使被测乳液稳定的 pH 范围。

(2) 钙离子稳定性测定。

取两个试管分别装入 4 mL 待测乳液试样,向两个试管中分别装入 1 mL 5%浓度的 $CaCl_2$ 水溶液,摇晃后放置 24 h。观察现象(是否破乳)。

(3) 稀释稳定性的测定。

将乳液稀释到固含量为 3%,再把 30 mL 稀释后的乳液倒入试管中,液柱为 20 cm。静置 72 h,观察是否分层;如分层则测定上部清液和沉淀(浑浊)部分的体积。

5. 实验现象记录和实验数据处理

(1) pH 稳定性(表 6-1)。

表 6-1　pH 稳定性记录

试样编号	pH	是否破乳
试样 1		
试样 2		

(2) 钙离子稳定性(表 6-2)。

表 6-2　钙离子稳定性记录

试样编号	是否破乳
试样 1	
试样 2	

(3) 稀释稳定性(表 6-3)。

表 6-3　稀释稳定性记录

试样编号	是否分层	分层体积
试样 1		
试样 2		

6. 实验操作注意事项

(1) 控制好每次加入试剂的量。

(2) 操作时需将试管或烧杯不断摇晃。

7. 思考题

(1) 乳液的稳定性有哪些检测内容?

(2) 影响聚合物乳液稳定性的影响因素都有哪些?

实验 6.1.2　乳液黏度测定

1. 实验目的与要求

(1) 掌握合成乳液黏度测定的原理和方法。

(2) 掌握拉伸试验机的使用方法。

(3) 熟悉操作。

2. 实验原理

旋转式黏度计是测定液体黏度的一种仪器，该黏度计以稳定的速度旋转，连接刻度圆盘，再通过游丝和转轴带动转子旋转。如果转子未受到液体的阻力，则游丝、指针与刻度圆盘同速旋转，指针在刻度盘上指出的读数为零；反之，如果转子受到液体的黏滞阻力，则游丝产生扭矩与黏滞阻力抗衡最后达到平衡，这时与游丝连接的指针在刻度圆盘上指示一定的读数，将读数乘以特定的系数即得到液体的黏度（Pa・s 或 mPa・s）。若使用 NDJ-8S 数字显示黏度计，则可直接读出黏度值。旋转黏度是液体黏度较常见的表示方式之一。测定标准为《合成树脂乳液试验方法》(GB/T 11175—2002)。

3. 实验设备、用品与样品

NDJ-8S 数字显示黏度计或 NDJ-1 型旋转黏度计、烧杯、升降台、合成乳液试样若干。

4. 实验操作步骤

(1) 将被测液体置于烧杯中。液面高度尽可能高。

(2) 调整仪器水平，将保护架装在仪器上。

(3) 将适当的转子旋入连接螺杆上，旋转升降台，使转子逐渐浸入被测液体中，直至液面超过转子刻度标志为止。选择适当的转速，开启开关，使转子在液体中旋转，经过 20～30 s待指针稳定，读出指针的刻度或显示器上出现数字，记录其对应数据。重复 3 次。

5. 实验数据和结果

实验数据记录于表 6-4 中。

表 6-4　黏度测试记录

试样编号	读数	系数	黏度/(mPa・s)	平均值/(mPa・s)
试样 1				
试样 2				
试样 3				

6. 实验操作注意事项

(1) 测试前应观察旋转黏度计的零位。

（2）需达到测定平衡后再读数。

7. 思考题

乳液的黏度大小与哪些因素有关？与聚合物的分子量大小有何关系？

实验 6.1.3　乳液固体含量测定

1. 实验目的与要求

（1）掌握建筑用乳液固体分含量测定的原理和方法。

（2）熟悉操作。

2. 实验原理

利用高温使物料中沸点低于操作温度的组分挥发而得到物料的固体分含量(不挥发分含量,又称固含量),即乳液在一定温度下加热挥发后剩余物质量与试样质量的比值,以百分数表示。测定标准可参考《色漆、清漆和塑料 不挥发物含量的测定》(GB 1725—2007)。

3. 实验设备、用品与样品

真空干燥器、电子分析天平、一次性滴管、垫有锡箔的培养皿、合成乳液试样若干。

4. 实验操作步骤

（1）将垫有锡箔的干燥洁净的培养皿在室温下称重 m_0。

（2）准确称取乳液样品置于锡箔上,一般取 1～2 g,记录总重 m_1。

（3）将样品放于(105±2)℃的烘箱中,恒温规定时间后,取出放入干燥器中冷却至室温后,称重;然后再放入烘箱内恒温 30 min,取出放入干燥器中冷却至室温后,称重;至前后两次称重的质量差不大于 0.01 g 为止,记录总重 m_2。

（4）试样平行测定,取两次的平均值,计算固含量。

5. 实验数据和结果

实验数据记录于表 6-5 中。

表 6-5　称重记录

干燥时间	培养皿重(m_0)	干燥前试样与培养皿重(m_1)	干燥后试样与培养皿重(m_2)
30 min			
3 h			

固含量计算:

$$固含量\ X=\frac{m_2-m_0}{m_1-m_0}\times 100\% \tag{6-1}$$

6. 实验操作注意事项

接触烘箱时需戴手套，避免烫伤。

7. 思考题

乳液固含量的测定有何意义？

实验 6.1.4　乳液粒径测定

1. 实验目的与要求

(1) 了解粒子尺寸测定和分析的方法。

(2) 了解激光衍射粒度分析仪的基本工作原理。

(3) 掌握用 MASTERSIZER 2000 型激光衍射分析仪测定合成乳液粒径的步骤和方法。

(4) 熟悉操作。

2. 实验原理

科学家一直尝试着预测颗粒分散和吸收光的方法，现代粒度分析专家们使用了许多理论和模式。Mastersizer 用到的理论是 Mie 理论，它在任何情况下都能准确预测到所用物质的光散射现象。Mie 理论能够预测球形颗粒衍射光的方法及光通过颗粒和光被颗粒吸收的途径，此理论很精确，但测试者应知道一些关于颗粒的特定信息，像它的折射率和吸收性能。理论的要点是：如果你知道颗粒的大小和其他相关的结构细节，你就能准确地预测它散射的方式。每种不同大小的颗粒都有其特定的散射方式，像指纹就是不同于任何一种颗粒。

Mastersizer 使用光学元件收集一部分颗粒的散射光，利用光学仪器和 Mie 理论先从颗粒场中推出衍射模式，然后用 Mie 理论计算出颗粒的大小。

3. 实验设备、用品与样品

MASTERSIZER 2000 型激光衍射粒度分析仪、1 000 mL 烧杯、合成乳液试样若干。

4. 实验操作步骤

(1) 将粒度分析仪的附件抬起，取出分散样品的容器(大烧杯)，用分散介质(一般为水)清洗大烧杯。清洗后，将装有分散介质(达到烧杯杯身 2/3 体积)的大烧杯放回，将附件轻轻落下。

(2) 将主机、附件及控制面板开关打开。

(3) 在控制面板上设定搅拌速度(一般为 2 350～2 500 r/min)。

(4) 打开电脑桌上“Mastersizer 2000”测试软件，在“use name”对话框中输入测试者名称，按“OK”键进入测试主界面。

(5) 在 File-New 框中新建一个文件夹，以记录所测数据，输入文件夹名，按“OK”键。

(6) 在 Measure-Mannual-option 中，在分散剂和试样类别的下拉菜单中选择所用的分散剂和样品类别(仪器根据类别给出相应的折光率和吸光度)。

(7) 在 Measure-Mannual-document 框中，根据指定的位置，输入样品的代号，以备查阅简单记录。

(8) 在 Measure-Mannual 框中，按“start”键，开始测量背景。

(9) 背景测量后，将一定量的样品分散于分散剂中，浓度控制在 5%～10%(浓度值在 Measure-Mannual 框中的左下角可见)。

(10) 按下 Measure-Mannual 框中的“measure sample”键开始测量。

(11) 测量完毕，数据被存放在开始设定的文件夹里，保存好数据记录。

(12) 清洗大烧杯，反复两次。

5. 实验数据和结果

实验数据记录于表 6-6 中。

表 6-6　测试数据记录

乳液浓度/%	$d(0.1)$	$d(0.5)$	$d(0.9)$	均匀值	体积粒径/mm

6. 实验操作注意事项

(1) 每次测定前需用去离子水清洗仪器。

(2) 测定时需先设定被测物的折射率与透光度。

(3) 测定结果以达到平衡为准。

7. 思考题

(1) 如何控制聚合物乳液的粒径大小和分布？

(2) 聚合物乳液粒径大小和分布对涂料的性能有何影响？

实验 6.2　建筑涂料(乳胶漆)的性能测定

实验 6.2.1　建筑涂料黏度测定

1. 实验目的与要求

(1) 掌握建筑涂料黏度测定的原理和方法。

(2) 掌握斯托默黏度计或涂-4 黏度计的使用方法。

(3) 熟悉操作。

2. 实验原理

建筑涂料的黏度测定方法,分斯托默黏度计法及涂-4(涂-1)黏度计法两种。前者以实验得到的产生 100 r/30 min 时所需加的负荷(砝码克数)通过一种对数函数来查得表示黏度的 KU 值。后者则是测出试样从规定直径的孔中所流出的时间,以秒(s)表示。

3. 实验设备、用品与样品

斯托默黏度计、涂-4 黏度计、秒表、涂料试样若干。

4. 实验操作步骤

(1) 斯托默黏度计法。

① 将涂料充分搅拌均匀移入容器中,使涂料液面离容器盖约 19 mm。

② 将转子浸入涂料中,使涂料液面刚好达到转子轴的标记处。

③ 将砝码置于黏度计的挂钩上并测定 25～35 s 内产生 100 r 的负荷。

④ 选取两个负荷,这两个负荷在 27～33 s 内给出两个不同的时间读数(用秒表记录 100 r时的时间)。实验时,转子至少转动 10 r 后再开始用秒表计时。

⑤ 重复以上操作,直至每个负荷得出的两次时间读数相差不超过 0.5 s 为止。

⑥ 实验结果以克(g)和 KU 值表示。

(2) 涂-4 黏度计法。

① 测定前后均需用溶剂将黏度计擦拭干净,并干燥或用冷风吹干。

② 将试样搅拌均匀。

③ 调节水平螺丝,使黏度计处于水平位置。在黏度计漏嘴下放置 150 mL 搪瓷杯。

④ 用手指堵住漏嘴,将试样倒满黏度计中,用玻璃棒将气泡和多余试样刮入凹槽。迅速移开手指,同时启动秒表,待试样流束刚中断时立即停止秒表。秒表读数即试样的流出时间(s)。

⑤ 重复测试两次,测定值之差不应大于平均值的 3%。取平均值为测试结果。

5. 实验数据和结果

实验数据记录于表 6-7 中。

表 6-7　涂料黏度测试记录

试样	黏度/s 或 KU

6. 实验操作注意事项

按仪器使用要求进行操作。

7. 思考题

(1) 两种黏度测定方法有何区别?

(2) 涂料黏度大小对涂料的哪些性能有影响? 如何影响?

实验 6.2.2　建筑涂料固体含量测定

1. 实验目的与要求

(1) 掌握涂料固体物含量测定的原理和方法。

(2) 熟悉操作。

2. 实验原理

利用高温使物料中沸点低于操作温度的组分挥发而得到物料的不挥发分含量(又称固含量),即涂料在一定温度下加热一定时间后剩余物质量与试样质量的比值,以百分数表示。测定标准可参考《色漆、清漆和塑料 不挥发物含量的测定》(GB 1725—2007)。

3. 实验设备、用品与样品

真空干燥器、电子分析天平、垫有锡箔的培养皿、涂料试样若干。

4. 实验操作步骤

(1) 将垫有锡箔的干燥洁净的培养皿在室温下称重 m_0。

(2) 准确称取制备的涂料置于锡箔上,一般取 1～2 g,记录总重 m_1。

(3) 将样品放于(120±2) ℃的烘箱内恒温规定时间后(3 h),取出放入干燥器中冷却至室温后,称重,至前后两次称重的质量差不大于 0.01 g 为止,记录总重 m_2。

(4) 试样平行测定,取两次的平均值,计算固含量。

5. 实验数据和结果

实验数据记录于表 6-8 中。

表 6-8 称重记录

编号	培养皿重(m_0)	干燥前试样与培养皿重(m_1)	干燥后试样与培养皿重(m_2)
1			
2			

固含量计算：

$$\text{固含量 } X = \frac{m_2 - m_0}{m_1 - m_0} \times 100\%$$

6. 实验操作注意事项

接触烘箱时需佩戴手套，避免烫伤。

7. 思考题

(1) 如何提高涂料的固含量？

(2) 涂料的固含量与组成涂料的树脂固含量有何关系？

实验 6.2.3 建筑涂料细度测定

1. 实验目的与要求

(1) 掌握建筑涂料细度的测定原理和方法。

(2) 掌握刮板细度计的使用方法。

(3) 熟悉操作。

2. 实验原理

在涂料中往往存在颜料颗粒。通过刮板细度计测定涂料的细度，以微米数表示，以表示涂料加工过程中固体粉末的研磨分散程度。测定标准可参考《色漆、清漆和印刷油墨 研磨细度的测定》(GB 1724—2019)。

3. 实验设备、用品与样品

刮板细度计、调漆刀、涂料试样若干。

4. 实验操作步骤

(1) 选择刮板细度计。细度在 30 μm 及 30 μm 以下时应用量程为 50 μm 的刮板细度计，31～70 μm 时应用量程为 100 μm 的刮板细度计，70 μm 以上时应用量程为 150 μm 的刮板细度计。

(2) 擦洗刮板细度计。使用细软揩布，用溶剂将刮板细度计洗净擦干。

(3) 用调漆刀将试样充分搅匀,然后在刮板细度计的沟槽最深部分,滴入试样数滴,以能充满沟槽而略有多余为宜。

(4) 以双手持刮刀,横置在磨光平板上端,使刮刀与磨光平板表面垂直接触。在3 s内,将刮刀由深的部位向浅的部位拉过,使漆样充满凹槽而平板上不留有余漆。刮刀拉过后,立即(不超过5 s)使视线与沟槽平面成15°～30°角,对光观察沟槽中颗粒均匀显露处,记下读数(精确到最小分度值)。如有个别颗粒显露于其他分度线时,则读数与相邻分度线范围内,不得超过3个颗粒。

(5) 平行实验3次,实验结果取两次相近读数的算术平均值。

5. 实验数据和结果

实验数据记录于表6-9。

表6-9 细度测试记录

试样	细度/μm

6. 实验操作注意事项

按仪器使用要求进行操作。

7. 思考题

(1) 建筑涂料的细度是如何导致的?

(2) 对涂料细度测量有何现实意义?

实验6.2.4 建筑涂料施工成型操作(漆膜制备)

1. 实验目的与要求

(1) 掌握建筑涂料漆膜制备的原理和方法。

(2) 了解施工中漆膜质量控制的方法。

(3) 熟悉操作。

2. 实验原理

通过把涂料涂刷到一个基材上,依靠其流动性,使涂膜自动流平,让挥发分挥发形成一个平整涂膜。此操作为检测涂膜的一系列性能提供样品,也是涂料施工的基本方法。操作标准可参考《漆膜一般制备方法》(GB 1727—1992)。

3. 实验设备、用品与样品

水泥板、玻璃棒、漆刷、涂布器、涂料试样若干。

4. 实验操作步骤

(1) 将试样(或将试样稀释到适当的黏度或按产品标准规定的黏度)用漆刷(或用涂布器)将涂料涂刷到规定的试板上。

(2) 以一定的时间间隔进行纵、横向二度涂刷,使其形成均匀的涂膜,不允许有空白或溢流现象。

(3) 将涂刷好的样板按规定进行干燥。

5. 实验操作注意事项

应按要求一次布漆一度,避免反复涂刷。

6. 思考题

建筑涂料的漆膜形成情况与哪些过程有关?

实验 6.2.5　建筑涂料干燥时间测定

1. 实验目的与要求

(1) 掌握建筑涂料干燥时间测定的原理和方法。

(2) 掌握乳胶漆表干时间测定的控制与表达。

(3) 熟悉操作。

2. 实验原理

乳胶漆在涂刷完后,水分从乳胶漆中挥发出来,乳胶粒子相互凝聚,从而使水分从乳胶粒子间挤出去,形成漆膜。当漆膜表面干燥时称为表干,漆膜内部干燥时称为实干。干燥的快慢以时间表示,作为涂料施工性的一项指标。测定标准可参考《漆膜腻子膜干燥时间测定法》(GB/T 1728—1979)。

3. 实验设备、用品与样品

马口铁板、漆刷、涂布器、计时器、涂料试样若干。

4. 实验操作步骤

按《漆膜腻子膜干燥时间测定法》(GB/T 1728—1979)中表干乙法的规定进行实验。

(1) 用涂布器或刷子将涂料均匀地涂刷在马口铁板上。按规定将其厚度控制在 100 μm。

(2) 在室温下干燥。

(3) 用手指触摸,确定是否干燥。当手指按上不黏手时,记录干燥时间。

5. 实验现象记录

表干时间及情况记录于表 6-10 中。

表 6-10　表干记录

时间	表面干燥情况

6. 实验操作注意事项

(1) 应按表干时间的数值修约要求设计指触时间间隔。

(2) 最终表干时间的数值修约可按《建筑密封材料试验方法　第 5 部分:表干时间的测定》(GB/T 13477.5—2002)规定确定。

7. 思考题

涂料的干燥时间与哪些因素有关?

实验 6.2.6　建筑涂料漆膜耐水性测定

1. 实验目的与要求

(1) 掌握建筑涂料漆膜耐水性的原理和方法。

(2) 熟悉操作。

2. 实验原理

建筑涂料漆膜遇水可能会发生起泡、掉粉、失光和变色等现象,从而失去保护装饰功能。测定漆膜表面受水浸泡后是否发生如上现象即为耐水性测定。通过耐水性测定得到涂膜耐水能力的表征。测定标准可参考《漆膜耐水性测定法》(GB/T 1733—1993)。

3. 实验设备、用品与样品

烧杯、去离子水(蒸馏水)、石蜡松香混合物、涂料样板若干。

4. 实验操作步骤

(1) 样板投试前应用 1∶1 的石蜡和松香混合物四周封边。封边宽度为 2～3 mm,必要时样板背面需涂封。

(2) 在蒸馏水槽或烧杯中加入蒸馏水或去离子水,除特别规定外,调节温度为 (23±2) ℃,并在整个实验中保持该温度。

(3) 将 3 块样板放入水槽或烧杯中,并使每块样板长度的 2/3 浸泡在水中,到规定时间

(96 h)以后观察样板情况。如3块试板中有2块无发现起泡、掉粉、失光，而且变色不大时可评定为无异常。

5. 实验现象记录

样板表面状态记录于表6-11中。

表6-11　样板表面状态记录

样板	现象(起泡、掉粉、失光)
样板1	
样板2	
样板3	

6. 实验操作注意事项

样板封边时应佩戴手套。

7. 思考题

聚合物应具有怎样的结构，才能使涂膜具有较好的耐水性?

实验6.2.7　建筑涂料漆膜耐碱性测定

1. 实验目的与要求

(1) 掌握建筑涂料耐碱性测定的原理和方法。

(2) 熟悉操作。

2. 实验原理

建筑涂料漆膜遇碱性建筑基面可能会发生起泡、裂痕、剥落、粉化、软化和溶出等现象，从而失去保护装饰功能。通过耐碱性测定得到涂膜抗碱能力的表征。测定标准可参考《建筑涂料涂层耐碱性的测定》(GB/T 9265—2009)。

3. 实验设备、用品与样品

天平、烧杯、去离子水(蒸馏水)、氢氧化钙、石蜡松香、玻璃棒、涂料样板若干。

4. 实验操作步骤

(1) 钙溶液[饱和$Ca(OH)_2$]的配置。

在(23±2) ℃的温度条件下于100 mL的蒸馏水或去离子水中加入0.21 g $Ca(OH)_2$并进行充分搅拌，制得碱溶液。该溶液的pH应达到12～13。

(2) 浸泡实验。

① 样板投试前应用 1∶1 的石蜡和松香混合物四周封边。封边宽度为 2～3 mm，必要时样板背面需涂封。调节温度为(23±2) ℃，并在整个实验中保持该温度。

② 将 3 块样板放入钙溶液中，并使每块样板长度的 2/3 浸泡在钙溶液中，达到规定时间(96 h)。

③ 浸泡结束后，取出样板用水冲洗干净，甩掉板面上的水珠，再用滤纸吸干，立即观察涂层表面是否有起泡、裂痕、剥落、粉化、软化和溶出现象。以 2 块以上样板涂层现象一致作为实验的结果。对样板边缘约 5 mm 和液面以下(约 10 mm 内的涂层区域)范围不作评定。

5. 实验现象记录

样板表面状态记录于表 6-12 中。

表 6-12　样板表面状态记录

样板	现象(起泡、裂痕、剥落、粉化)
样板 1	
样板 2	
样板 3	

6. 实验操作注意事项

样板封边时应佩戴手套。

7. 思考题

影响涂膜耐碱性的因素有哪些？如何影响？

实验 6.2.8　建筑涂料涂层耐洗刷性测定

1. 实验目的与要求

(1) 掌握建筑涂料涂层耐洗刷性测定的原理和方法。

(2) 掌握耐洗刷仪的使用方法。

(3) 熟悉操作。

2. 实验原理

耐洗刷性是指漆膜在特定的条件下，经反复擦洗最终完全消失时，被擦洗的次数。通过耐洗刷性测定衡量建筑涂料对于碱性溶液的耐擦洗性，以表征涂料的质量和使用寿命。测定标准可参考《建筑涂料涂层耐洗刷性的测定》(GB/T 9266—2009)。

3. 实验设备、用品与样品

JTX-建筑涂料耐洗刷仪、碱性溶液(500 g 洗衣粉/10 L 水)、涂料样板若干。

4. 实验操作步骤

(1) 预先将毛刷浸泡处理。

(2) 将已涂刷涂料的试板放在工作盘内,夹紧不得有松动现象。

(3) 将洗刷介质(pH 为 9.5～10.0)放入储水箱筒。

(4) 接通电源,计数器显示"0",按预置键使达到所需次数(次数设定按国标要求),按启动开关。

(5) 观察试板中间 10 cm 处在达到所需洗刷次数时有无磨损及露底现象,以此判断是否合格及其等级。

5. 实验数据记录

洗刷次数记录于表 6-13 中。

表 6-13　洗刷次数记录

样板	露底时洗刷次数
样板 1	
样板 2	

6. 实验操作注意事项

以板材明显露底为准。

7. 思考题

(1) 什么是涂料的耐洗刷性?

(2) 影响涂料耐洗刷性的因素有哪些?

实验 6.2.9　建筑涂料对比率测定

1. 实验目的与要求

(1) 掌握建筑涂料对比率测定的原理和方法。

(2) 掌握反射率测定仪的使用方法。

(3) 熟悉操作。

2. 实验原理

利用反射率仪测定涂膜对光的反射及不同底色下反射率的对比值,是涂料漆膜遮盖力及相关质量的一种表示。测定标准为《浅色漆对比率的测定(聚酯膜法)》(GB/T 9270—1988)或《白色和浅色漆对比率的测定》(GB/T 23981—2009)。

3. 实验设备、用品与样品

黑白格纸、C_{84}-Ⅱ反射率测定仪、涂布器、漆刷、涂料试样若干。

4. 实验操作步骤

(1) 在底色为黑白格的卡片纸或聚酯薄膜上按规定均匀涂布涂料，被测涂料在规定条件下至少放置 24 h。

(2) 对照标准板进行仪器校正。

(3) 用反射率仪测定涂膜在黑白底面上的反射率。

(4) 平行测定 2 次，如果 2 次测定结果之差不大于 0.02，则取 2 次测定结果的平均值。

5. 实验数据记录

对比率计算：

$$\text{对比率}=\frac{R_B}{R_W} \tag{6-2}$$

式中　R_B——黑纸上的反射率；

R_W——白纸上的反射率。

标准黑板的反射率 R_y 为 0.00；标准白板的反射率 R_y 为 79.23。

每组测定结果填入表 6-14，并计算平均值。

表 6-14　反射率测试记录

序号	黑纸 R_B	白纸 R_W	对比率
1			
2			
3			
4			

第一组对比率平均值＝

第二组对比率平均值＝

对比率平均值＝

误差 1＝

误差 2＝

该涂料对比率的判定(参照国家标准，见表 6-15)：

表 6-15　对比率的判定标准(国家标准)

等级	优等品	一等品	合格品
对比率≥	0.93	0.90	0.87

6. 实验操作注意事项

仪器校正按仪器使用要求操作。

7. 思考题

(1) 什么是涂料的对比率?

(2) 建筑涂料的对比率如何进行调节?

实验 6.2.10　建筑涂料光泽度测定

1. 实验目的与要求

(1) 掌握建筑涂料光泽度测定的原理和方法。

(2) 掌握镜向光泽度仪的使用方法。

(3) 熟悉操作。

2. 实验原理

镜向光泽度仪利用光反射原理,相对于标准板的值设定镜向光泽度计示值,并对样品的镜向光泽度进行测量。测定标准为《漆膜光泽度测定法》(GB 1743—1989)。WGG 系列微机光泽度仪采用定角式平行光路。定角分为 20 ℃,60 ℃,85 ℃。检测原理示意如下:

检测→信号处理→微机控制→显示
↑
按键

3. 实验设备、用品与样品

WGG 系列光泽度仪、涂膜样板若干。

4. 实验操作步骤

(1) 准备好测试样板。

(2) 将仪器接通电源。

(3) 设置:按“设置”键,将显示数据与随仪器的标准板值相同。

(4) 校标。

(5) 样品测量:将仪器置于被测样品上,按测量▲键,此时仪器显示屏的显示值即为被测样品的光泽度数据。

5. 实验数据记录

光泽度测定值记录于表 6-16 中。

表 6-16　光泽度测定记录

样板	光泽度	光泽度平均值
样板 1		
样板 2		

6. 实验操作注意事项

按仪器使用要求进行操作。

7. 思考题

(1) 什么是涂料的光泽度?

(2) 如何调节建筑涂料的光泽度?

实验 6.2.11　建筑涂料耐人工老化测定

1. 实验目的与要求

(1) 掌握建筑涂料耐人工老化测定的原理和方法。

(2) 掌握氙灯日晒老化实验箱的使用方法。

(3) 熟悉操作。

2. 实验原理

材料在日常使用中可能因长时间经受日晒雨淋而发生褪色、发黄或强度等物理性质发生变化,这种变化通常称为光老化或日晒老化。建筑涂料耐人工老化测定是通过人工老化设备对涂料光老化、紫外老化和气候老化性能的模拟测定和评估,可以此衡量和估计涂料的使用寿命。为了要比自然老化测试更快速地评估材料的抗老化性能,通常采用带人工光源的测试设备来重现和加速老化过程,这样可以不受日常循环和气候条件的影响,并可以得到一个可控的测试环境,从而保证实验过程参数的可重复性和实验结果的可重现性。在这种人工实验设备中,采用氙弧灯作为光源,经过滤后,与日光光谱最接近,使用过滤技术可以精确调节其光谱能量分布,以此模拟各种条件下的自然光,还可以通过调节电工率控制辉光的辐照强度。

3. 实验设备、用品与样品

SUNTEST XLS+台式氙灯日晒老化实验箱、参比样板、涂膜样板若干。

4. 实验操作步骤

(1) 放入样板;接通设备电源,连接浸润装置(按需要设定水温及警告按钮);按 on 键。

(2) 连续按 enter 键及 start 键,进入程序选择(1-6)。

(3) 选定程序号后,先按 enter 键,再按 start 键,即开始光照/浸润程序设定操作。

(4) 操作完成后,按 off 键,进入退出/继续;再按 escape 键,进入灯管冷却。

(5) 查看设定参数监控:按↓健,可分别查看程序执行设定时间、已操作时间,设定辐照量、实际辐照量、黑板温度、实际温度、箱体温度、浸润开/关、辐照能量、氙灯时间以及操作时间等。

(6) 编程操作:依次按 enter 键,可分别进入编程/参数、启动/编程、编程、程序(1-6)/片段(1-6)、段数、各段辐照量、各段浸润与否、各段黑板温度(浸润不显示 BST)、各段辐照时间以及结束时间/能量等参数的选择设定。设定结束,按 enter 键进入编程/参数。

5. 实验现象记录和实验数据处理

参照标准《色漆和清漆人工气候老化和人工辐射曝露滤过的氙弧辐射》(GB/T 1865—2009)从样板的变色、粉化等表观评定等级。

6. 实验操作注意事项

严格按要求进行操作。

7. 思考题

(1) 影响涂料耐候性的因素有哪些?

(2) 人工老化实验结果与涂料使用寿命有何关系?

实验 6.2.12　建筑隔热涂料红外发射率测定

1. 实验目的与要求

(1) 掌握建筑隔热涂料红外发射率测定的原理和方法。

(2) 掌握红外发射率测量仪的使用方法。

(3) 熟悉操作。

2. 实验原理

发射率是材料热物性的基本参数之一。近年来,随着红外技术、辐射传热学、材料科学、纳米技术以及军事目标隐身技术的迅猛发展,研究材料发射率的测量方法和建立相应的测试装置受到人们的极大重视,取得了长足进展。发射率又称黑度系数、热发射率、辐射率等。发射率 ε 按方向分,有半球向发射率 ε_H、法向发射率 ε_N 和方向发射率 ε_θ。理想黑体的发射率 $\varepsilon=1$。本仪器通过采用主动黑体辐射源测定待测物表面的法向发射率,进而计算出待测物表面在特定红外波段的吸收率 σ。根据基尔霍夫定律,物体吸收率在数值上与其发射率相等,即 $\varepsilon=\sigma$,从而测出被测物体红外波段法向发射率 ε_N。

红外发射率测定是检验建筑隔热涂料种类及隔热机理的主要方法。

3. 实验设备、用品与样品

IR-双波段发射率测量仪、涂膜样板若干。

4. 实验操作步骤

(1) 先用 2 根电缆把测量头与仪器相连接好，插上电源。

(2) 黑体控温：本仪器测量头部黑体控温采用 0～400 ℃精密微机控温仪，其 PID 调节已设置完毕，不要随意更改。测 1～22 μm 波段时，黑体温度设定在 250 ℃，功率限制在 43%左右。开机后，仪器右上方上排显示黑体温度测定值，下排显示前一次的设定值。

(3) 样品托盘高度调整为在测试头正下方 118 mm 处。

(4) 仪器校正：黑体温度设置在 250 ℃，开机 1 h 后，不加滤光片，把补偿参考板置于测试头正下方托架上，按 DR 键，其下方指示灯亮，调节对应的旋钮，显示校正值 422 左右；按 E 键，下方指示灯亮，显示补偿参考板 ε 值 0.570 左右。换成镀铝参考板，按 MR 键，其下方指示灯亮，调节对应旋钮，显示校正值 920 左右；按 E 键，下方指示灯亮，显示 ε 值读数 0.050，反复三次。这样，1～22 μm 波段仪器校正完毕。

(5) 样品测试：把被测样品置于测量托盘上，3 s 后按 E 键，待下方指示灯亮，即可读出试样的发射率值。重复按 E 键，测量 5～10 次，取平均，即为最后 1～22 μm 发射率测量值。

(6) 加热装置使用方法：仪器校正在常温下进行，方法同上。把专用样品加温装置放在测量托架上。打开加温装置，本控温装置为双排四位智能数显调节仪，上排显示加热装置温度测量值，下排显示上一次的设定值。如要改变温度设定值，只需按功能键，几秒钟后，下排显示窗末位数开始闪烁，利用移位键、加减键即可按需设定，再按一下功能键，温度值重新设定完成。待设定温度完成稳定 10 min 后，即可测量。

5. 实验数据记录

记录每个实验样板的发射率值(5～10 次)，并计算出平均值。

6. 实验操作注意事项

严格按要求进行操作，被测样品必须是平面。

7. 思考题

测试表面平整度如何影响实验结果？

实验 6.3　防水材料的性能测定

实验 6.3.1　防水涂料施工成型操作(涂膜制备)

1. 实验目的与要求

(1) 掌握防水涂料涂膜制备的原理和方法。

(2) 掌握防水涂料用量的计算。

(3) 熟悉双组分防水涂料漆膜制备操作。

2. 实验原理

通过把一种双组分防水涂料称量、混合并涂刷到一个基材上,依靠其流动性,使涂膜自动流平,让挥发分挥发形成一个平整涂膜。该涂膜可作为防水涂料有关性能测定的试样进行养护。操作标准可参考《建筑防水涂料试验方法》(GB/T 16777—2008)。聚合物水泥防水涂料亦可按《聚合物水泥防水涂料》(GB/T 23445—2009)操作;聚氨酯防水涂料亦可按《聚氨酯防水涂料》(GB/T 19250—2013)操作。

3. 实验设备、用品与样品

玻璃模具、电动搅拌器、脱模剂、玻璃棒、涂布器、一次性塑料杯、天平、涂料试样若干。

4. 实验操作步骤

(1) 将防水涂料组分 A 及组分 B 按配比要求及模腔体积计算用料量。

(2) 在塑料杯中准确称量组分 A 及组分 B 并混合均匀。

(3) 用玻璃棒或涂布器将混合后的涂料涂刷到已涂刷脱模剂的玻璃模框内。

(4) 按相关标准以一定的时间间隔进行纵、横向二度涂刷,使其形成一定厚度的均匀涂膜,不允许有空白或溢流现象。

(5) 将涂刷好的样板按后续相关性能测定的规定进行养护。

5. 实验操作注意事项

(1) 应按要求一次布漆一度,避免反复涂刷。

(2) 涂料实际用量稍多于计算值以保证最终形成规定厚度。

6. 思考题

(1) 防水涂料为何有一次涂膜与多次涂膜成型的操作方式?

(2) 二度涂膜时为何要纵、横向二度涂刷?

实验6.3.2　防水涂料干燥时间测定

1. 实验目的与要求

(1) 掌握防水涂料干燥时间测定的原理和方法。

(2) 熟悉操作。

2. 实验原理

防水涂料在涂刷完后，水、稀释剂等小分子挥发分从防水涂料中挥发出来，非挥发分形成涂膜，当涂膜表面干燥时称为表干，涂膜内部干燥时称为实干。干燥的快慢以时间表示，作为涂料施工性的一项指标。测定标准为《建筑防水涂料试验方法》(GB/T 16777—2008)。

3. 实验设备、用品与样品

铝板、线棒涂布器、计时器、涂料试样若干。

4. 实验操作步骤

按《建筑防水涂料试验方法》(GB/T 16777—2008)的规定进行表干测定。

(1) 用刷子将涂料均匀地涂刷在马口铁板上。按规定将其厚度控制在100 μm。

(2) 在室温下干燥。

(3) 用手指触摸，以确定是否干燥。当手指按上去不黏手时，记下干燥时间。

5. 实验现象记录

表干测定时间和情况记录于表6-17中。

表6-17　表干测定记录

时间	表面干燥情况

6. 实验操作注意事项

(1) 应按表干时间的数值修约要求设计指触时间间隔。

(2) 最终表干时间的数值修约可按《建筑密封材料试验方法　第5部分：表干时间的测定》(GB/T 13477.5—2002)规定确定。

7. 思考题

防水涂料表干时间测定中指触时间间隔应如何确定？

实验 6.3.3　防水涂料固体含量测定

1. 实验目的与要求

(1) 掌握防水涂料固体含量测定的原理和方法。

(2) 熟悉操作。

2. 实验原理

利用高温使物料中沸点低于操作温度的组分挥发而得到物料的不挥发分含量，即涂料在一定温度下加热烘焙后剩余物质量与试样质量的比值，称为固体含量或不挥发分含量，以百分数表示。操作标准为《建筑防水涂料试验方法》(GB/T 16777—2008)。聚氨酯防水涂料亦可按《聚氨酯防水涂料》(GB/T 19250—2013)操作。

3. 实验设备、用品与样品

真空干燥器、电子分析天平、垫有锡箔的培养皿、一次性滴管、涂料试样若干。

4. 实验操作步骤

(1) 将垫有锡箔的干燥洁净的培养皿在室温下称重 m_0。

(2) 准确称取防水涂料置于锡箔上，一般取不少于 6 g，记下总重 m_1。

(3) 将样品放于(105±2)℃或(120±2)℃的烘箱中，加热标准规定的时间后，取出放入干燥器中冷却至室温后，称重 m_2。

(4) 试样平行测定，取两次的平均值，计算固含量。

5. 实验数据记录

称重数据记录于表 6-18 中。

表 6-18　称重记录

编号	培养皿重(m_0)	干燥前试样与培养皿重(m_1)	干燥后试样与培养皿重(m_2)
1			
2			

固含量计算：

$$固含量\ X = \frac{m_2 - m_1}{m_1 - m_0} \times 100\%$$

6. 实验操作注意事项

接触烘箱时需戴手套，避免烫伤。

7. 思考题

涂料固体含量测定中被测试样的多少对测定结果有何影响?

实验 6.3.4　防水材料拉伸性能测定

1. 实验目的与要求

(1) 掌握防水材料拉伸性能测定的原理和方法。

(2) 掌握拉伸试验机的使用方法。

(3) 熟悉操作。

2. 实验原理

拉伸性能是测定材料在拉伸荷载作用下的一系列特性的实验,又称抗拉实验。它是材料机械性能实验的基本方法之一,主要反映材料在应用中抵抗轴向外力作用而不被破坏的能力,可用于检验材料是否符合规定的标准和研究材料的结构。拉伸实验是指在承受轴向拉伸荷载下测定材料的形变及破坏。利用拉伸实验得到的数据可以确定材料的弹性极限、伸长率、弹性模量、拉伸强度、屈服点、屈服强度和其他拉伸性能指标。由试验机绘出的拉伸曲线,实际上是载荷-伸长曲线,经过数据处理就可得到材料的应力-应变曲线。

拉伸性能是防水材料在建筑工程运用中所要求的主要性能指标。

操作标准为《建筑防水涂料试验方法》(GB/T 16777—2008)。聚合物水泥防水涂料的试样要求可按《聚合物水泥防水涂料》(GB/T 23445—2009)确定;聚氨酯防水涂料的试样要求可按《聚氨酯防水涂料》(GB/T 19250—2013)确定;建筑防水卷材可按相关的建筑防水卷材标准规定的实验方法确定。

3. 实验设备、用品与样品

拉伸试验机、哑铃型裁刀、冲片机、厚度计、直尺、已按规定养护的涂膜或防水卷材若干。

4. 实验操作步骤

(1) 检查涂膜外观。从表面光滑平整、无明显气泡的涂膜上按规定裁取符合要求的哑铃 I 型试件。

(2) 划好间距 25 mm 的平行标线;用厚度计测量试件标线中间和两端三点的厚度,取其算术平均值作为试件厚度。

(3) 调整拉伸试验机夹具间距约 70 mm,将试件夹在试验机上,保持试件长度方向的中线与试验机夹具中心在一条线上。

(4) 按试样的属性取表 6-19 中合适的拉伸速度进行拉伸至断裂,记录试件断裂时的最大荷载(P),断裂时的标线间距离(L),精确到 0.1 mm。亦可从电脑软件记录中读取相关测试数据。

(5) 若有试件断裂在标线外,应舍弃该试样测试结果。用备用试样补测。

表 6-19 拉伸速度

产品类型	拉伸速度/(mm·min^{-1})
高延伸率涂料	500
低延伸率涂料	200

5. 实验数据和结果

(1) 拉伸强度。

试件的拉伸强度按式(6-3)计算。

$$T_L = P/(B \times D) \tag{6-3}$$

式中 T_L——拉伸强度(MPa);

P——最大拉力(N);

B——试件中间部位宽度(mm);

D——试件厚度(mm)。

取各试件测试结果的算术平均值作为实验结果,结果精确到 0.01 MPa。

(2) 断裂伸长率。

试件的断裂伸长率按式(6-4)计算。

$$E = \frac{L - L_0}{L_0} \times 100\% \tag{6-4}$$

式中 E——断裂伸长率(%);

L_0——试件起始标线间距离(mm),L_0=25 mm;

L——试件断裂时标线间距离(mm)。

取各试件测试结果的算术平均值作为实验结果,结果精确到 1%。

6. 实验操作注意事项

将试件夹在试验机夹具上时要注意夹具与试件的尺寸匹配。

7. 思考题

弹性体材料的拉伸实验为何要采用哑铃形状的试样?

实验 6.3.5 防水材料低温柔性、低温弯折性测定

1. 实验目的与要求

(1) 掌握防水涂料低温柔性、低温弯折性测定的原理和方法。

(2) 熟悉操作。

2. 实验原理

作为建筑室外工程，外墙防水、屋顶防水的选材需考虑一项性能标准——低温柔顺性。根据使用要求，应用于室外的防水材料需要在低温下受力变形时不产生裂纹或断裂，能在温差大、温度低的室外环境中充分发挥可靠的防水特性。有机防水材料的低温柔顺性实验分为低温柔性、低温弯折性两种测定，是表征防水材料在低温下柔顺性指标的实验方法。操作标准可参考《建筑防水涂料试验方法》(GB/T 16777—2008)和《建筑防水卷材试验方法》(GB/T 328—2007)。

3. 实验设备、用品与样品

低温冰柜(控温精度±2 ℃)、弯折仪、圆棒(直径 10 mm，20 mm，30 mm)、6 倍放大镜、刀具、已按规定养护的涂膜或防水卷材试样若干。

4. 实验操作步骤

(1) 低温柔性。

① 将试样裁取成尺寸为 100 mm×25 mm 的试件。

② 将试件及圆棒放入已调节至规定温度的低温冰柜的冷冻液中。

③ 在规定温度下保持 1 h(温度计探头应与试件在同一水平位置)。

④ 然后在冷冻液中将试件绕圆棒在 3 s 内弯曲 180°，立即取出试件并用肉眼观察试样表面有无裂纹、断裂。

(2) 低温弯折性。

① 将试样裁取成尺寸为 100 mm×25 mm 的试件。

② 沿长度方向弯曲试件，将端部固定在一起(例如用胶黏带)。

③ 调节弯折仪的两个平板间的距离为试件厚度的 3 倍。检测平板间 4 点的距离。

④ 放置弯曲试件在试验机上，胶带端对着平行于弯板的转轴。

⑤ 放置翻开的弯折试验机和试件于调好规定温度的低温箱中。在规定温度下放置 1 h后，弯折试验机从超过 90°的垂直位置到水平位置，1 s 内合上，保持该位置1 s，整个操作过程在低温箱中进行。

⑥ 从试验机中取出试件，恢复到(23±5) ℃，用 6 倍放大镜检查试件弯折区域的裂纹或断裂。

5. 实验现象记录

实验现象记录于表 6-20 中。

表 6-20　低温柔性、低温弯折性测定记录

试样	是否有裂纹或断裂
试样 1	
试样 2	

6. 实验操作注意事项

设备操作按《建筑防水涂料试验方法》(GB/T 16777—2008)。

7. 思考题

防水材料的低温柔性、低温弯折性与材料的结构有何关系?

实验 6.3.6　防水材料不透水性测定

1. 实验目的与要求

(1) 掌握防水材料不透水性测定的原理和方法。

(2) 掌握不透水仪的使用方法。

(3) 熟悉操作。

2. 实验原理

防水材料的不透水性是指防水材料在一定水压(静水压或动水压)和一定时间内不出现渗漏的性能。它是防水材料满足防水功能要求的主要质量指标。相应的设备采用不透水性测试仪。操作标准可参考《建筑防水涂料试验方法》(GB/T 16777—2008)和《建筑防水卷材试验方法》(GB/T 328—2007)。

3. 实验设备、用品与样品

不透水性测试仪、金属网(孔径为 0.2 mm)、已按规定养护的涂膜或防水卷材若干。

4. 实验操作步骤

(1) 将试样裁取成尺寸为 150 mm×150 mm 的试件。

(2) 往装置中充水直到满出,彻底排出装置中空气。

(3) 将试件放置于透水盘上,再在试件上加一相同尺寸的金属网,盖上 7 孔圆盘,慢慢夹紧直到试件夹紧在盘上,用布或压缩空气干燥试件的非迎水面,慢慢加压到规定的压力。

(4) 达到规定压力后,保持压力(30±2) min,实验时观察试件的透水情况(水压突然下降或试件的非迎水面有水)。

5. 实验现象记录

实验现象记录于表 6-21 中。

表 6-21　不透水性测定记录

试样	是否有透水现象
试样 1	
试样 2	

6. 实验操作注意事项

操作按相关标准进行。

7. 思考题

防水材料的不透水性与材料的结构有何关系？

实验 6.4　瓷砖的性能测定

实验 6.4.1　瓷砖吸水性测定

1. 实验目的与要求

(1) 掌握瓷砖吸水性测定的原理和方法。

(2) 熟悉操作。

2. 实验原理

将干燥砖置于水中吸水至饱和，用砖的干燥质量和吸水饱和后的质量及在水中的质量计算相关的瓷砖特性参数——吸水率。瓷砖吸水率的大小会影响瓷砖在工程使用中的防潮性、吸污性及粘贴牢固性等性能。水的饱和处理包括煮沸法与真空法，本实验仅采用煮沸法。操作标准可参考《陶瓷砖》(GB/T 4100—2015)、《陶瓷砖试验方法　第 3 部分：吸水率、显气孔率、表观相对密度和容重的测定》(GB/T 3810.3—2016)。

3. 实验设备、用品与样品

干燥箱、加热装置、天平、去离子水或蒸馏水、干燥器、麂皮、瓷砖试样。

4. 实验操作步骤

(1) 试样准备。

当砖的边长大于 200 mm 且小于 400 mm 时，可切割成小块，但切割下的每一块应计入测量值内，多边形和其他非矩形砖，其长和宽均按外接矩形计算。若砖的边长不小于 400 mm 时，至少在 3 块整砖的中间部位切取最小边长为 100 mm 的 5 块试样。将砖放在 (110±5) ℃的干燥箱中干燥至恒重，即每隔 24 h 的两次连续质量之差小于 0.1%，砖放在有硅胶或其他干燥器剂的干燥器内冷却至室温，能使用酸性干燥剂，每块砖按表 6-22 的测量精度称量和记录。

表 6-22　砖的质量和测量精度　　单位：g

砖的质量	测量精度
$50 \leqslant m \leqslant 100$	0.02
$100 < m \leqslant 500$	0.05
$500 < m \leqslant 1\ 000$	0.25
$1\ 000 < m \leqslant 3\ 000$	0.50
$m > 3\ 000$	1.00

(2) 水的饱和。

将砖竖直地放在盛有去离子水的加热装置中，使砖互不接触。砖的上部和下部应保持有 5 cm 深度的水，在整个实验中都应保持高于砖 5 cm 的水面。将水加热至沸腾并保持煮沸 2 h，然后切断热源，使砖完全浸泡在水中冷却至室温，并保持(4±0.25) h。也可用常温下的水或制冷器将样品冷却至室温。

(3) 称量。

将一块浸湿过的麂皮用手拧干，并将麂皮放在平台上轻轻地依次擦干每块砖的表面，对于凹凸或有浮雕的表面应用麂皮轻快地擦去表面水分，然后称重，记录每块试样的称量结果。保持与干燥状态下的相同精度。

5. 实验数据和结果

计算每一块砖的吸水率 E，用干砖的质量分数表示，按式(6-5)计算。

$$E=\frac{m_2-m_1}{m_1}\times 100\% \tag{6-5}$$

式中 E——砖的吸水率；

m_1——干砖的质量(g)；

m_2——砖在沸水中吸水饱和的质量(g)。

6. 实验操作注意事项

操作注意安全性。

7. 思考题

瓷砖的吸水率过大或过小对其工程应用有何不利影响?

实验 6.4.2 瓷砖平整性、直角度测定

1. 实验目的与要求

(1) 掌握瓷砖平整性、直角度测定的原理和方法。

(2) 熟悉操作。

2. 实验原理

尺寸和表面质量是瓷砖的主要性能指标。平整性、直角度佳的瓷砖，表面不弯曲、不翘角，容易施工，施工后地面平坦，经久耐用。通过对瓷砖尺寸的检验可获得瓷砖质量及加工条件的信息。操作标准可参考《陶瓷砖》(GB/T 4100—2015)和《陶瓷砖试验方法 第 2 部分》(GB/T 3810.2—2016)。

3. 实验设备、用品与样品

陶瓷砖综合测定仪、标准板、瓷砖试样。

4. 实验操作步骤

（1）直角度的测量。

选择尺寸合适的仪器，当砖放在仪器的支承销（S_A，S_B，S_C）上时，使定位销（I_A，I_B，I_C）离被测边每一角点的距离为 5 mm，分度表（D_a）的测杆也应在离被测边的一个角点 5 mm 处，如图 6-1 所示。

将合适的标准板准确地置于仪器的测量位置上，调整分度表的读数至合适的初始值。取出标准板，将砖的正面恰当地放在仪器的定位销上，记录离角 5 mm 处的分度表读数。如果是正方形砖，转动砖的位置得到 4 次测量值。每块砖都重复上述步骤。如果是长方形砖，分别使用合适尺寸的仪器来测量其长边和宽边的直角度。测量值精确到 0.1 mm。

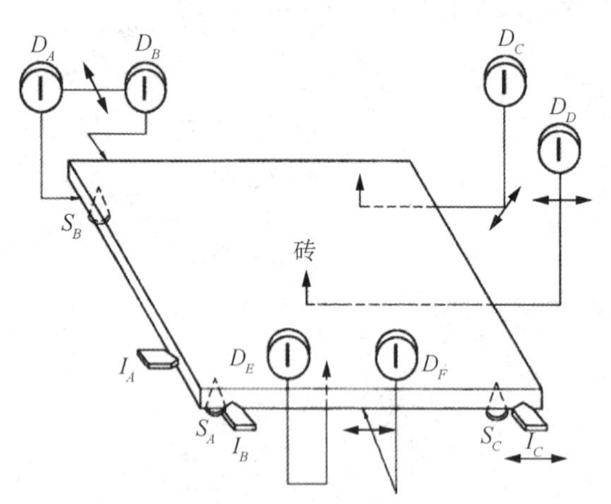

图 6-1　测量边直度、直角度和平整度的仪器

（2）平整度的测量。

选择尺寸合适的仪器，将相应的标准板准确地放在 3 个定位支承销（S_A，S_B，S_C）上，每个支撑销的中心到砖边的距离为 10 mm，外部的两个分度表（D_E，D_C）到砖边的距离也为 10 mm。调节 3 个分度表（D_D，D_E，D_C）的读数至合适的初始值，如图 6-1 所示。

取出标准板，将砖的釉面或合适的正面朝下置于仪器上，记录 3 个分度表的读数。如果是正方形砖，转动试样，每块试样得到 4 个测量值，每块砖重复上述步骤。如果是长方形砖，分别使用合适尺寸的仪器来测量。记录每块砖最大的中心弯曲度（D_D）、边弯曲度（D_E）和翘曲度（D_C），测量值精确到 0.1 mm。

5. 实验数据和结果

中心弯曲度以与对角线长的百分数表示；边弯曲度以百分数表示；长方形砖以与长度和宽度的百分数表示；正方形砖以与边长的百分数表示；翘曲度以与对角线长的百分数表示；有间隔凸缘的砖检验时用 mm 表示。

6. 实验操作注意事项

操作按相关标准进行。

7. 思考题

瓷砖平整性、直角度测定有何实际意义？

实验 6.4.3　瓷砖光学性能测定

1. 实验目的与要求

(1) 掌握瓷砖光学显微结构的原理和方法。

(2) 熟悉操作。

2. 实验原理

表面质量与色感是瓷砖的主要性能指标。表面微结构、物相分布均匀、颜色佳、整体效果统一是一款瓷砖美感的体现。通过利用瓷砖的光洁表面对光线的反射来检测其光学显微结构可获得瓷砖质量及加工条件的信息。操作标准可参考《陶瓷砖表面质量》(GB/T 4100—2015)和《偏光显微镜》(GB/T 24665—2009)。

3. 实验设备、用品与样品

光学显微镜、瓷砖试样(整砖)。

4. 实验操作步骤

(1) 试样的制备。

取大小合适的瓷砖,对其中较平的一面进行打磨和抛光,要求具有一个光洁入面的表面。

(2) 试样观察。

① 将制好的试样置于光学显微镜下,调整光路系统,观察瓷砖表面显微结构,如结晶相、玻璃相、缺陷(裂纹、针孔、斑点等)和釉层结构等。反射模式下简称陶瓷的颜色。调整显微镜放大倍数,观察 50,100,200,500 倍下的试样图像。

② 首先用肉眼在显微镜目镜中观察试样检测结果,待确定所需要的数据后,关闭目镜,转至计算机观察,实时调整倍数调节按钮,拍摄图像。

5. 实验现象记录

分别记录试样至少 3 个区域的图像。需观察同一区域 50,100,200,500 倍下的试样图像。

6. 实验操作注意事项

按要求正确使用光学显微镜。

7. 思考题

采用光学显微镜观察瓷砖表面结构有何意义?

实验 6.4.4　瓷砖抗热震性测定

1. 实验目的与要求

(1) 掌握瓷砖抗热震性测定的原理和方法。

(2) 熟悉操作。

2. 实验原理

实验操作标准可参考《陶瓷砖》(GB/T 4100—2015)和《陶瓷砖试验方法　第 9 部分》(GB/T 3810.9—2016)。

3. 实验设备、用品与样品

数字热震试验机、瓷砖试样(整砖)。

4. 实验操作步骤

(1) 试样的初检。

首先用肉眼(平常戴眼镜的可戴上眼镜)在距砖 25～30 cm、光源照度约 300 lx 的光照条件下观察试样表面。所有试样在实验前应没有缺陷,可用亚甲基蓝溶液对待测试样进行测定前的检验。

(2) 浸没实验。

吸水率不大于 10%的陶瓷砖,垂直浸没在(15±5) ℃的冷水中,并使它们互不接触。

(3) 非浸没实验。

吸水率大于 10%的有釉砖,使其釉面朝下与(15±5) ℃的低温水槽上的铝粒接触。

(4) 冷热循环。

对上述步骤(2),(3),在低温下保持 15 min 后,立即将试样移至(145±5) ℃的干燥箱内重新达到此温度保持 20 min 后,立即将试样移回低温环境中。

重复进行 10 次上述步骤。

5. 实验现象记录

用肉眼(平常戴眼镜的可戴上眼镜)在距试样 25～30 cm、光源照度约 300 lx 的条件下观察试样的可见缺陷。为帮助检查,可将合适的染色溶液(如含有少量湿润剂 1%亚甲基蓝溶液)刷在试样的釉面上,1 min 后,用湿布抹去染色液体。

6. 实验操作注意事项

操作按相关标准进行。

7. 思考题

瓷砖的抗热震性对应于瓷砖的哪些应用要求?

实验6.4.5 瓷砖线性热膨胀测定

1. 实验目的与要求

(1) 掌握瓷砖线性热膨胀测定的原理和方法。

(2) 熟悉操作。

2. 实验原理

对于新材料开发、建筑工程等领域所使用的材料都需要充分考虑热膨胀这一指标,因此在材料的生产、加工和使用过程中,对材料的热膨胀系数进行测定具有十分重要的意义。在某种条件下,热膨胀系数可简化定义为单位温度改变下长度的增加量与原长度的比值,这就是线膨胀系数。热膨胀仪,是在一定的温度程序、负载力接近零的情况下,测量样品的尺寸变化随温度或时间的函数关系的仪器。所测得的值即为热膨胀系数。利用相关测定方法可测定瓷砖的线性热膨胀系数。操作标准可参考《陶瓷砖》(GB/T 4100—2015)和《陶瓷砖试验方法　第8部分》(GB/T 3810.8—2016)。

3. 实验设备、用品与样品

热膨胀仪、游标卡尺、干燥箱、干燥器、标准试样、瓷砖试样。

4. 实验操作步骤

(1) 试样准备。

从一块砖的中心部位相互垂直地切取两块试样,使试样长度适合于测试仪器。试样的两端应磨平并互相平行。

(2) 测量。

① 试样在(110±5) ℃干燥箱中干燥至恒重,即相隔 24 h 先后两次称量之差小于0.1%,然后将试样放入干燥器内冷却至室温。

② 用游标卡尺测量试样长度,精确到长度的 0.002 倍。

③ 将试样放入热膨胀仪内并记录此时的室温。

④ 在最初和全部加热过程中,测定试样的长度,精确到 0.01 mm。测量并记录不超过15 ℃间隔的温度和长度值。加热速率为(5±1) ℃/min。

5. 实验数据和结果

线性热膨胀系数 α_1 用 10^{-6} 每摄氏度表示($10^{-6}℃^{-1}$),精确到小数点后第一位,按式(6-6)计算。

$$\alpha_1 = \frac{1}{L_0} \times \frac{\Delta L}{\Delta T} \tag{6-6}$$

式中　L_0——室温下试样的长度(mm);

ΔL——试样在室温和100 ℃之间的增长(mm)；

ΔT——温度的升高值(℃)。

6. 实验操作注意事项

操作按相关标准进行。

7. 思考题

简述瓷砖的热膨胀性要求。

实验6.4.6　瓷砖黏结性能测定

1. 实验目的与要求

(1) 掌握瓷砖黏结性能测定的原理和方法。

(2) 熟悉操作。

2. 实验原理

黏结性能是瓷砖的重要性能指标。黏结强度是胶黏体系破坏时所需要的应力，瓷砖的黏合力是决定黏结强度的重要因素之一。操作标准可参考《建筑工程饰面砖粘结强度检验标准》(JGJ/T 110—2017)。

3. 实验设备、用品与样品

黏结强度检测仪、钢直尺、手持切割锯、标准块胶黏剂、胶带。

4. 实验操作步骤

(1) 现场粘贴饰面砖断缝应从饰面砖表面切割至基体表面，深度应一致(图6-2)。

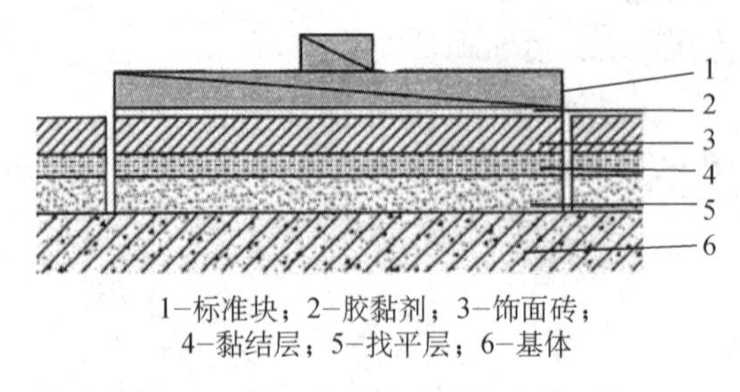

1—标准块；2—胶黏剂；3—饰面砖；
4—黏结层；5—找平层；6—基体

图6-2　饰面砖试样胶黏标准块示意

(2) 试样切割长度和宽度宜与标准块相同，其中有两道相邻切割线应沿饰面砖边缝切割。

(3) 标准块胶黏应符合下列规定：

① 在胶黏标准块前，应清除试样饰面砖表面和标准块胶黏面污渍、锈渍并保持干燥。

② 现场温度低于 5 ℃时，标准块宜预热后再进行胶黏。

③ 胶黏剂应按使用说明书的规定随用随配，在标准块和试样饰面砖表面应均匀涂胶，标准块胶黏时不应粘连断缝，并应及时用胶带固定。

(4) 黏结强度检测仪的安装(图 6-3)和检测程序应符合下列规定：

① 检测前在标准块上应安装带有万向接头的拉力杆。

② 应安装专用穿心式千斤顶，使拉力杆通过穿心千斤顶中心并与饰面砖表面垂直。

③ 当调整千斤顶活塞时，应使活塞升出 2 mm，并应将数字显示器调零，再拧紧拉力杆螺母。

④ 当检测饰面砖黏结力时，应匀速摇转手柄升压，直至饰面砖试样断开，并应记录黏结强度检测仪的数字显示器峰值，该值应为黏结力值。

⑤ 检测后应降压至千斤顶复位，取下拉力杆螺母及拉杆。

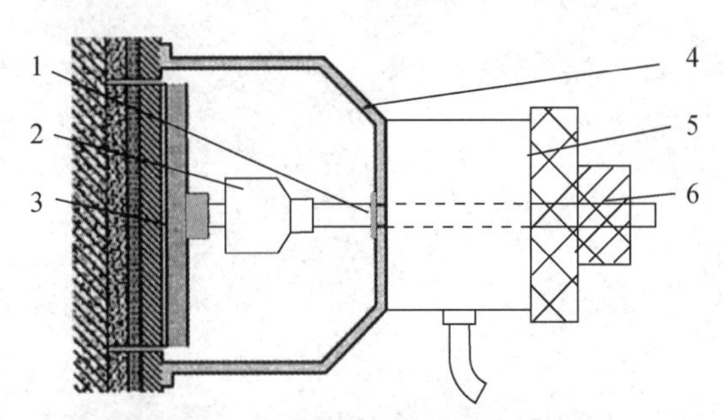

1—接力杆；2—万向接头；3—标准块；4—支架；
5—穿心式千斤顶；6—拉力杆螺母

图 6-3　检测仪的安装示意

(5) 饰面砖黏结力检测完毕后，应确定试样断开状态，测量试样每对切割边的中部距离(精确到 1 mm)，作为试样边长，计算试样面积。

5. 实验数据和结果

(1) 试样黏结强度应按式(6-7)计算。

$$R_{\mathrm{i}}=\frac{X_i}{S_i}\times 10^3 \tag{6-7}$$

式中　R_i——第 i 个试样黏结强度(MPa)，精确到 0.1 MPa；

X_i——第 i 个试样黏结力(kN)，精确到 0.01 kN；

S_i——第 i 个试样面积(mm^2)，精确到 1 mm^2。

(2) 每组试样平均黏结强度应按式(6-8)计算。

$$R_{\mathrm{m}}=\frac{1}{3}\sum_{i=1}^{3}R_i \tag{6-8}$$

式中，R_{m}为每组试样平均黏结强度(MPa)，精确到 0.1 MPa。

6. 实验操作注意事项

操作按相关标准进行。

7. 思考题

简述瓷砖的黏结强度要求。

第7章

开放性实验案例

实验 7.1　水泥基复合保温墙体材料的制备

1. 实验目的与要求

（1）掌握水泥基复合保温墙体材料的组成及各组分的作用。

（2）掌握水泥基复合保温墙体材料的制备流程和技术要点。

2. 实验原理

在建筑中，外围护结构的热损耗较大，外围护结构中墙体又占了很大份额。所以建筑墙体改革与墙体节能技术的发展是建筑节能技术一个最重要的环节，发展外墙保温技术及节能材料则是建筑节能的主要实现方式。因此，制备保温性能良好、承载力高、耐火性优异等综合性能良好的水泥基保温墙体材料迫在眉睫。保温砂浆是水泥基保温墙体材料中最主要且应用范围最广的墙体材料。现行我国的保温砂浆主要有聚苯乙烯保温砂浆、玻化微珠保温砂浆和膨胀珍珠岩保温砂浆等。通常保温砂浆的制备是以水泥为胶结材、膨胀聚苯乙烯颗粒或膨胀珍珠岩等为隔热轻质骨料的。膨胀珍珠岩保温砂浆通常利用水泥作为胶凝材料，膨胀珍珠岩为轻质骨料，然后复合少量外加剂及其他辅材制备而成。而聚苯乙烯保温砂浆则是以聚苯乙烯颗粒为轻质骨材，水泥为胶凝材料，并复合其他辅料通过一定的工艺制备而成。

聚苯乙烯保温砂浆阻燃涂层板是提高水泥基保温墙体材料耐火性的关键材质，提高其阻燃性是提高保温砂浆应用的必然保障。新型保温砂浆应体现出更多的优点，如施工过程简单、防火性能良好、抗压强度高及保温性能好等性能。

3. 实验设备、用品与原料

（1）主要设备。

水泥胶砂搅拌机、水泥胶砂振动台、电子天平、水泥发泡机、鼓风干燥箱、三联试模。

（2）主要原料。

水泥（P.O 42.5，CA－50）、膨胀珍珠岩、减水剂、聚苯乙烯颗粒、玻璃纤维、羟丙基甲基纤维素、纤维素、丙烯酸、EVA 乳液、高岭土、滑石彩、阻燃剂。

4. 实验项目的配方设计

按给出的应用场合设计符合应用要求的水泥基复合保温墙体材料配方。

膨胀珍珠岩保温砂浆配合比如表 7-1 所示。

表 7-1 膨胀珍珠岩保温砂浆配合比

组别	水泥/g	珍珠岩/%	玻璃纤维/%	减水剂/%	纤维素/%	丙烯酸/%
1	100	1.0	0.01	0.01	0.005	0.1
2	100	1.0	0.02	0.01	0.005	0.1
3	100	1.2	0.01	0.01	0.005	0.1
4	100	1.2	0.02	0.01	0.005	0.1
5	100	1.4	0.01	0.01	0.005	0.1
6	100	1.4	0.02	0.01	0.005	0.1
7	100	1.6	0.01	0.01	0.005	0.1
8	100	1.6	0.02	0.01	0.005	0.1
9	100	1.8	0.01	0.01	0.005	0.1
10	100	1.8	0.02	0.01	0.005	0.1
11	100	2.0	0.01	0.01	0.005	0.1
12	100	2.0	0.02	0.01	0.005	0.1

注：为了加快砂浆的固化时间，配比中所使用的水泥为硅酸盐水泥和铝酸盐水泥以 5∶1 的比例混合而成。

聚苯乙烯保温砂浆配合比如表 7-2 所示。

表 7-2 聚苯乙烯保温砂浆配合比

组别	水泥/g	聚苯乙烯/%	玻璃纤维/%	减水剂/%	纤维素/%	丙烯酸/%
1	100	1.20	2.0	2.0	1.0	20
2	100	1.20	1.5	2.0	1.0	20
3	100	1.20	1.0	2.0	1.0	20
4	100	1.35	2.0	2.0	1.0	20
5	100	1.35	1.5	2.0	1.0	20
6	100	1.35	1.0	2.0	1.0	20
7	100	1.50	2.0	2.0	1.0	20
8	100	1.50	1.5	2.0	1.0	20
9	100	1.50	1.0	2.0	1.0	20
10	100	1.65	2.0	2.0	1.0	20
11	100	1.65	1.5	2.0	1.0	20
12	100	1.65	1.0	2.0	1.0	20
13	100	1.80	2.0	2.0	1.0	20

（续表）

组别	水泥/g	聚苯乙烯/%	玻璃纤维/%	减水剂/%	纤维素/%	丙烯酸/%
14	100	1.80	1.5	2.0	1.0	20
15	100	1.80	1.0	2.0	1.0	20
16	100	1.95	2.0	2.0	1.0	20
17	100	1.95	1.5	2.0	1.0	20
18	100	1.95	1.0	2.0	1.0	20

注：各配比中所使用的水泥为普通硅酸盐水泥，水灰比为 1.0。

5. 实验操作步骤

（1）膨胀珍珠岩保温砂浆试件的制备。

① 将称量好的膨胀珍珠岩、混合均匀的水泥、玻璃纤维混合后搅拌至均匀。

② 接着将一定量的纤维素、减水剂、丙烯酸和水混合，搅拌至纤维素完全溶解。

③ 然后将配置好的固体与液体混合，放入搅拌机以慢速搅拌均匀。

④ 最后将搅拌完成后的珍珠岩保温砂浆填入三联试模（抗压及体积测试试件模具尺寸为 40 mm×40 mm×160 mm，导热系数测量试件尺寸为 300 mm×300 mm×30 mm）后振动并抹平。

（2）聚苯乙烯保温砂浆试件的制备。

① 将粒径 3.5 mm 左右的聚苯乙烯颗粒、玻璃纤维、纤维素及水泥（CA－50 与 P.O 42.5 的比例为 1∶5）倒入搅拌罐混合均匀。

② 接着将减水剂、丙烯酸及水混合均匀。

③ 将配置好的固体与液体充分混合后搅拌均匀。

④ 最后将聚苯乙烯保温砂浆装入三联模（抗压及体积测试试件模具尺寸为 40 mm×40 mm×160 mm，导热系数测量试件尺寸为 300 mm×300 mm×30 mm）中成型后振动并抹平。

（3）保温阻燃板的制备。

① 将 CA-50 水泥、EVA 乳液、$Mg(OH)_2$、高岭土、滑石粉按照一定比例混合均匀得到阻燃涂层。

② 将黏稠液体均匀地涂抹在裁剪成 210 mm×70 mm×10 mm 的聚苯乙烯保温砂浆板或膨胀珍珠岩保温砂浆板一面上，尽量保持表面平整光滑。

③ 涂抹完一面后晾干 20 min，将涂好的一面置于玻璃板上进行第二面涂抹。

④ 将涂布完成的聚苯乙烯保温砂浆阻燃涂层板放置在阴凉通风处阴干 24 h，得到水泥基保温阻燃墙体材料。

6. 实验数据和过程记录

（1）将相关实验数据记录于表 7-3 中。

表 7-3　水泥基保温阻燃墙体材料制作实验数据记录

时间	操作	现象

(2) 记录实验过程中出现的现象,并分析出现此类现象的原因。

(3) 根据实验过程及产品品质建立实验参数与产品质量的基本关系,并说明改进的方法。

(4) 从不同角度对成型样品拍照,并将照片展示在报告中。

7. 实验操作注意事项

(1) 涂层涂覆一定要平整、均匀。

(2) 实验过程中注意安全。

(3) 各组分含量称量准确。

8. 思考题

(1) 加入减水剂的作用是什么?

(2) 砂浆的和易性包括哪几个方面?

实验 7.2　二氧化硅-膨胀珍珠岩复合保温材料的制备

1. 实验目的与要求

(1) 掌握二氧化硅气凝胶的制备原理。

(2) 掌握二氧化硅-膨胀珍珠岩复合保温材料的制备方法。

2. 实验原理

膨胀珍珠岩具有热导率较低、耐候耐久性强、不燃、价格低廉及与建筑同寿命周期等众多优点，在保温隔热领域应用广泛。但相对于有机保温材料而言，膨胀珍珠岩的热导率相对较大，抗压强度小，需对其进行闭孔处理或复合改性来降低其热导率，提高其抗压强度。

二氧化硅气凝胶是一种新型的纳米量级保温材料，因其具有超低的热导率、较大的比表面积、较低的密度和较高的孔隙率等特性，被应用于一些高精尖领域，但由于其制备成本高、抗压强度低等原因，限制了在建筑保温领域的应用。

通过将两种材料进行复合处理，实现二者的优势互补，以膨胀珍珠岩作为载体，采用真空浸渍吸附的工艺，将气凝胶吸入膨胀珍珠岩内部孔洞中，经老化处理、溶剂置换和表面改性，最终经干燥形成二氧化硅-膨胀珍珠岩气凝胶新型复合保温材料。

3. 实验设备、用品与原料

(1) 主要设备。

集热式恒温磁力搅拌器、pH 计、电热恒温水槽、真空吸附装置、电热鼓风干燥箱。

(2) 主要原料。

正硅酸乙酯、三甲基氯硅烷、甲基三乙氧基硅烷、无水乙醇、超纯水、正己烷、盐酸、氨水、膨胀珍珠岩。

4. 实验项目的配方设计

按给出的应用场合设计符合应用要求的二氧化硅-膨胀珍珠岩复合保温材料配方，正硅酸乙酯(TEOS)、甲基三乙氧基硅烷(MTES)、无水乙醇(EtOH)和超纯水(H_2O)的摩尔比为1∶0.3∶14∶6。

二氧化硅-膨胀珍珠岩复合保温材料的制备，采用溶胶-凝胶法制备气凝胶，主要包括湿凝胶的合成、老化处理、溶剂置换、表面改性和干燥过程。具体制备流程如图 7-1 所示。

5. 实验操作步骤

(1) 二氧化硅气凝胶的制备。

① 将一定摩尔比的正硅酸乙酯(TEOS)、甲基三乙氧基硅烷(MTES)、超纯水(H_2O)、无水乙醇(EtOH)在烧杯中混合均匀。

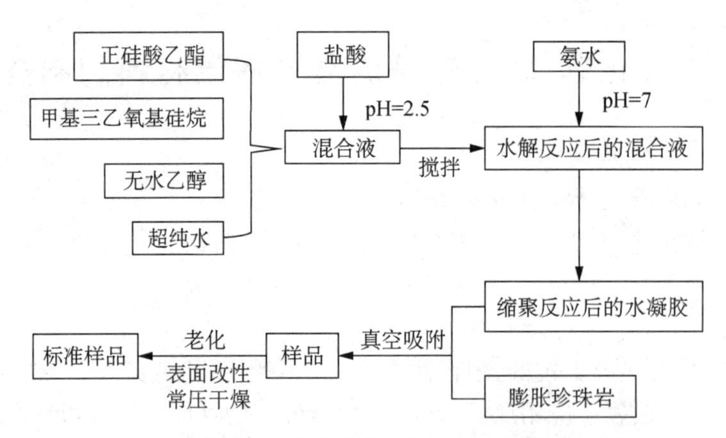

图 7-1　二氧化硅-膨胀珍珠岩复合保温材料制备流程

② 缓慢向上述混合液中滴加盐酸溶液，调节混合溶液的 pH 为 2.5，在特定温度水浴磁力搅拌器中持续搅拌一定时间以促进硅源充分水解。

③ 然后加入氨水溶液，调节凝胶过程的 pH 为 7，促进体系发生缩聚反应。

④ 最终在室温下等待水溶胶形成湿凝胶。

⑤ 湿凝胶刚形成时，其内部的骨架结构强度较低，需要将湿凝胶放置在无水乙醇溶液中进行老化处理。

⑥ 老化结束后，将湿凝胶放置在选定体积比的 TMCS/EtOH/n-Hexane 混合溶液中溶剂置换和表面改性一定时间。

⑦ 溶剂置换和表面改性结束后，用正己烷溶剂清洗湿凝胶，除去三甲基氯硅烷和无水乙醇等其他杂质。然后将湿凝胶放在干燥箱中，从 25 ℃到 140 ℃常压分段干燥，冷却至室温后得到最终产品。

(2) 二氧化硅-膨胀珍珠岩气凝胶复合保温材料的制备。

① 将一定摩尔比的正硅酸乙酯(TEOS)、甲基三乙氧基硅烷(MTES)、超纯水(H_2O)、无水乙醇(EOH)在烧杯中混合均匀，缓慢向上述混合液中滴加盐酸溶液，调节混合溶液的 pH 为 2.5，在 25 ℃水浴磁力搅拌器中持续搅拌一定时间以促进硅源充分水解；然后加入氨水溶液，调节凝胶过程的 pH 为 7，促进体系发生缩聚反应，控制凝胶时间在 60 min 左右。

② 将未凝固的水溶胶倒入装有膨胀珍珠岩的容器中。

③ 然后将容器密封并开启循环水式真空泵抽真空，通过调节真空泵的真空度来控制水溶胶的吸附压力，吸附一定时间后关闭真空泵，等待凝胶。

④ 后续老化干燥处理同二氧化硅气凝胶制备方法。

6. 实验数据和过程记录

(1) 将相关实验数据记录于表 7-4 中。

表 7-4　二氧化硅-膨胀珍珠岩复合保温材料制作实验数据记录

时间	操作	现象

(2) 记录实验过程中出现的现象，并分析出现此类现象的原因。

(3) 根据实验过程及产品品质建立实验参数与产品质量的基本关系，并说明改进的方法。

(4) 从不同角度对成型样品拍照，并将照片展示在报告中。

7. 实验操作注意事项

(1) 滴加盐酸的时候一定要缓慢滴加，注意 pH 的变化。

(2) 必须保证硅源充分水解。

(3) 滴加氨水调节凝胶过程 pH 时需准确控制。

8. 思考题

(1) 湿凝胶的老化为什么要放在无水乙醇中进行?

(2) 老化后，为什么要将湿凝胶放入 TMCS/EtOH/n-Hexane 混合溶液中溶剂置换和表面改性一定时间?

实验 7.3　防水保温高强石膏板的制备

1. 实验目的与要求

（1）掌握发泡法制备发泡保温石膏的方法。

（2）掌握石膏的耐水原理。

（3）掌握防水保温高强石膏板的制备工艺流程和技术要点。

2. 实验原理

石膏为轻质多孔材料，吸水率高，一般石膏制品的吸水率高达40%，石膏的水化产物二水硫酸钙晶体的溶解度比较大（2 g/L），遇水易溶蚀，使制品强度、硬度降低，石膏硬化体的软化系数为0.2～0.3，即耐水性是较差的。石膏的水溶性和在潮湿环境下强度的迅速下降大大限制了石膏的使用。从理论上来讲，要改善石膏的耐水性，目前主要措施是：保证石膏硬化浆体结晶结构的形成；在保证一定强度的前提下，减少接触点的数量；保证石膏硬化浆体有较高的密实度，即减小孔隙率的孔径尺寸、减少结构裂隙等。从生产工艺上来讲，目前国内外对改善石膏耐水性的方法主要有三种：制品表面处理、掺加无机材料改性和掺加高分子聚合物。高分子聚合物可以从内部改善石膏的结构，提高石膏的耐水性，由于掺入量小，适用于提高轻质石膏板材的防水性能。

3. 实验设备、用品与原料

（1）主要设备及用品。

电子天平、机械搅拌机、鼓风干燥箱、试模。

（2）主要原料。

① α-半水石膏粉，产品纯度大于95%，晶体尺寸小于60 μm，标稠水膏比0.32。

② 发泡剂：茶皂素，活性物含量≥60%。

③ 防水剂：透明液体，主要成分为有机硅烷。

④ 可再分散乳胶粉：型号8034 H是一种遇水可再分散的憎水性的乙烯/月桂酸乙烯酯/氯乙烯三元共聚胶粉，固含量(99±1)%；型号5010 N是一种抗皂化的可再分散醋酸乙烯/乙烯共聚胶粉，固含量(99±1)%。

⑤ 三偏磷酸钠（STMP，化学式 $Na_3P_3O_9$），产品纯度≥99%。

⑥ 凝结时间调节剂：硫酸钾（K_2SO_4），产品纯度>99%。

⑦ SMF高效减水剂，产品为由磺化三聚氰胺甲醛树脂聚合物经离心喷雾干燥制成的超塑化剂，有效成分(95±2)%。

4. 实验项目的配方设计

按给出的应用场合设计符合应用要求的防水保温轻质高强石膏板基础配方。

以α-半水石膏为主要原料，开发一种防水保温轻质高强石膏板的配方见表7-5。

表 7-5　防水保温轻质高强石膏板的配方

材料	α-HH	8034 H	5010 N	有机硅防水剂	茶皂素	STMP	K_2SO_4	SMF
掺量	100	1	1	1 L/m²	0.08%	4%	0.5	0.2

防水保温轻质高强石膏板的制备工艺流程如图 7-2 所示。

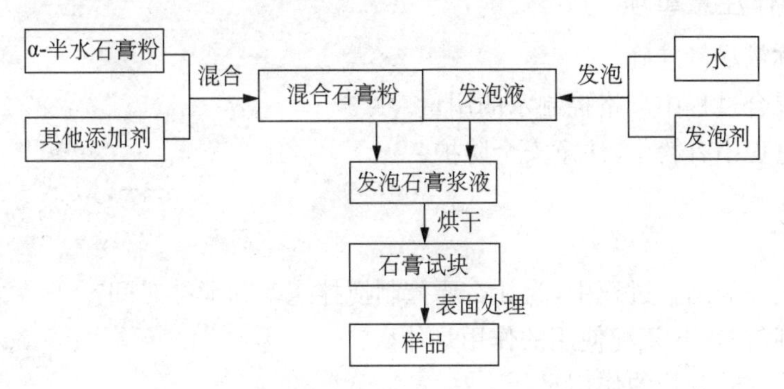

图 7-2　防水保温轻质高强石膏板制备流程

5. 实验操作步骤

(1) 将 100 份 α-半水石膏与 1 份 8034 H 可再分散乳胶粉、1 份 5010 N 可再分散乳胶粉、0.5 份硫酸钾和 0.2 份 SMF 减水剂进行混合，搅拌充分得到混合石膏粉。

(2) 将 0.032 份的茶皂素加入到 40 份水中，机械搅拌，搅拌速率为 1 500 r/min，搅拌时间为 60 s，得到发泡液。

(3) 将发泡液倒入混合石膏粉中，进行充分搅拌得到发泡石膏浆液。

(4) 将发泡石膏浆液倒入预先准备好的试模中，并放入烘箱中烘干得到石膏试块。

(5) 将硬化后的石膏试块放入有机硅防水剂中浸泡 2 h，取出干燥得到防水石膏试块。

(6) 将质量分数为 4% 的三偏磷酸钠喷涂在干燥后的防水石膏试块上，喷涂量为 0.2 g/cm³，干燥后得到防水保温轻质高强石膏板。

6. 实验数据和过程记录

(1) 将相关实验数据记录于表 7-6 中。

表 7-6　防水保温轻质高强石膏板制作实验数据记录

编号	α-半水石膏	8034 H	5010 N	有机硅防水剂	茶皂素	STMP	K_2SO_4	SMF	现象
1									
2									
3									
4									
5									

(2) 记录实验过程中出现的现象,并分析出现此类现象的原因。

(3) 根据实验过程及产品品质建立实验参数与产品质量的基本关系,并说明改进的方法。

(4) 从不同角度对成型样品拍照,并将照片展示在报告中。

7. 实验操作注意事项

(1) 物料称量尽量准确。

(2) 物料混合过程中严格控制水的用量。

(3) 实验过程中有粉尘,注意安全防护。

8. 思考题

(1) 在发泡液的制备过程中,为什么要控制搅拌速率和搅拌时间?

(2) 硫酸钾与 SMF 复配使用的作用是什么?

(3) 可再分散乳胶粉的作用是什么?

实验 7.4　硅烷改性聚醚合成及其密封胶的制备

1. 实验目的与要求

(1) 掌握硅烷改性聚醚密封胶的制备原理。

(2) 掌握硅烷改性聚醚密封胶制备流程和技术要点。

2. 实验原理

硅烷改性聚醚密封胶是一种以烷氧基硅烷封端的聚醚聚合物为基料，混合填料、增塑剂以及助剂而得到的黏稠膏状物。当涂覆使用于接合面之间的缝隙时，因接触空气或基材上的水分而开始聚合固化，最终以形成有黏结性的弹性体填充界面来达到密封和黏结的目的。密封胶的主链因存在聚醚结构单元和端硅烷结构使得其固化后兼有硅酮密封胶和聚氨酯密封胶的优点和长处，表现出弹性好、耐候性佳、绿色环保等优点，故被广泛应用于轨道交通、汽车制造、集装箱、电梯、建筑幕墙、瓷砖黏结以及室内装修等领域。通过采用大分子聚醚和带有异氰酸酯的硅烷原料，运用一步法合成了硅烷改性聚醚聚合物，同时将其用于硅烷改性聚醚密封胶配方中，制得环保型硅烷改性聚醚密封胶。

3. 实验设备、用品与原料

(1) 主要设备及用品。

电子天平、机械搅拌器、鼓风干燥箱、双行星搅拌机。

(2) 主要原料。

① 聚丙二醇：PPG 8000。

② 3-异氰酸酯基丙基三甲氧基硅烷：纯度 96%。

③ 炭黑：N220。

④ 活性纳米碳酸钙：60～90 nm。

⑤ 聚酰胺触变剂：SLX。

⑥ 邻苯二甲酸二异癸酯(DIDP)。

⑦ 3-氨丙基三甲氧基硅烷(KH 540)：纯度 97%。

⑧ 乙烯基三甲氧基硅烷：A171，纯度 98%。

⑨ 二月桂酸二丁基锡(DBTDL)：纯度 95%。

⑩ 活性炭附剂：200 目。

4. 实验项目的配方设计

按给出的应用场合设计符合应用要求的硅烷改性聚醚密封胶配方。

硅烷改性聚醚密封胶的配方如表 7-7 所示。

表 7-7　硅烷改性聚醚密封胶配方

组分	质量分数/%
硅烷改性聚醚	20～40
DIDP	10～20
碳酸钙	30～40
炭黑	5～15
聚酰胺触变剂 SLX	0～1
乙烯基三甲氧基硅烷	1～3
3-氨丙基三甲氧基硅烷	0.5～3
二月桂酸二丁基锡	0.2～0.5

5. 实验操作步骤

(1) 硅烷改性聚醚聚合物的制备。

① 将 500 g PPG 8000 在 100 ℃下减压脱水 1～2 h 后，在氮气保护下降温至 50～110 ℃。

② 按照一定比例加入 3-异氰酸酯基丙基三甲氧基硅烷和二月桂酸二丁基锡，混合搅拌。

③ 测定和监控－NCO 的含量，当其含量不再改变时结束反应。

④ 加入质量分数为 0.1%的无水乙醇去除可能残留的微量 3-异氰酸酯基丙基三甲氧基硅烷。

⑤ 后加入质量分数为 0.5%的乙烯基三甲氧基硅烷和 0.01%的活性炭吸附剂，在氨气气氛下 60 ℃搅拌 2 h，吸附除去体系中的锡催化剂。

⑥ 过滤后密封保存，获得无游离异氰酸酯的硅烷改性聚醚聚合物。在合成过程中，控制 n(NCO)∶n(OH)＝(1.1～1.3)∶1，催化剂质量分数为 0～0.14%。

(2) 硅烷改性聚醚密封胶的制备。

① 将合成的硅烷改性聚醚聚合物、增塑剂 DIDP、填料活性纳米碳酸钙按表 7-7 配方加入双行星机中拌混合，在 100 ℃下真空脱水 1 h 后，降至室温。

② 然后加入乙烯基三甲氧基硅烷(A171)、3-氨丙基三甲氧基硅烷和二月桂酸二丁基锡，真空搅拌 10 min 后灌装出料，制得硅烷改性聚醚密封胶。

6. 实验数据和过程记录

(1) 将相关实验数据记录于表 7-8 中。

表 7-8　硅烷改性聚醚密封胶制作实验数据记录

时间	操作	现象

（续表）

时间	操作	现象

（2）记录实验过程中出现的现象，并分析出现此类现象的原因。

（3）根据实验过程及产品品质建立实验参数与产品质量的基本关系，并说明改进的方法。

（4）从不同角度对成型样品拍照，并将照片展示在报告中。

7. 实验操作注意事项

（1）物料称量尽量准确。

（2）反应前原料需进行脱水处理。

（3）实验过程中应注意观察密封胶的黏度变化。

8. 思考题

（1）硅烷改性聚醚聚合物制备过程中为什么要进行无水无氧保护？

（2）硅烷改性聚醚密封胶应用时如何固化？

（3）二月桂酸二丁基锡可以用其他催化剂替换吗？

实验 7.5　新型保温防水结构和施工工艺的探讨与研究

1. 实验目的与要求

(1) 掌握保温防水一体化结构设计原理。

(2) 熟悉保温防水一体化结构施工工艺方法。

2. 实验原理

建筑物防水及保温通常采用两个独立的体系，二者功能没有相互交叠，即防水材料不体现保温功能，保温材料又不体现防水功能。而在实际使用过程中，因防水层失效而对结构保温层产生影响的案例屡见不鲜，而保温层含水率对建筑防水层也会产生影响。建筑防水保温层失效会对结构耐久性能、建筑物的正常使用、建筑能耗产生影响，而随之而来的屋面返修处理，又会产生大量垃圾，严重浪费社会资源。因此，建筑物防水及保温两项功能一体化设计与施工成为解决上述问题的重要途径。

国内建筑物屋面系统构造做法主要分为两类，即正置式与倒置式，正置式即将保温层置于防水层下面，该方式为传统屋面构造做法，对保温材料没有太高要求，但施工程序复杂，且使用寿命周期短。倒置式屋面构造做法即将憎水性的保温材料置于防水层上部，该方法对屋面保温材料要求较高，且成本较大，但可以避免屋面防水层受外界温度的影响，延长防水层使用寿命。

在实际工程中，相关技术人员应注重材料的选取，选择适用于本工程、本地区气候条件的防水材料，避免因选材不当影响建筑防水性能。施工人员应注重做好图纸技术交底，把握施工过程的重要节点，及时检查处理施工过程出现的漏洞。设计人员应严格参照相应规范，选取合适的防水材料，多道设防，详细标识建筑细部节点防水构造。建筑交付使用后，物业相关部门管理人员应注重建筑屋面后期的维护，避免后期建筑屋面新增设施施工时影响屋面防水层。

3. 实验设备、用品与原料

(1) 主要设备及用品。

电子天平、磨砂分散两用机、鼓风干燥箱、旋转黏度仪。

(2) 主要原料。

MAC 防水保温板、高分子自黏橡胶复合防水卷材、聚氨酯硬泡体保温隔热层、水泥基卷材、硅酮密封胶、隔气层材料等。

4. 实验项目的配方设计

按给出的应用场合设计符合应用要求的保温防水一体化结构。

以某工程为例，该工程屋面设计防水等级为 1 级，屋面防水保温采用橡胶沥青防水涂料＋MAC 防水保温板，橡胶沥青防水涂料用作该工程屋面防水的第一道防线，同时也充当 MAC 防水保温板的黏结层，橡胶沥青防水涂料与 MAC 防水保温板共同承担屋面防水保温功能。具体屋面构造做法如图 7-3 所示。

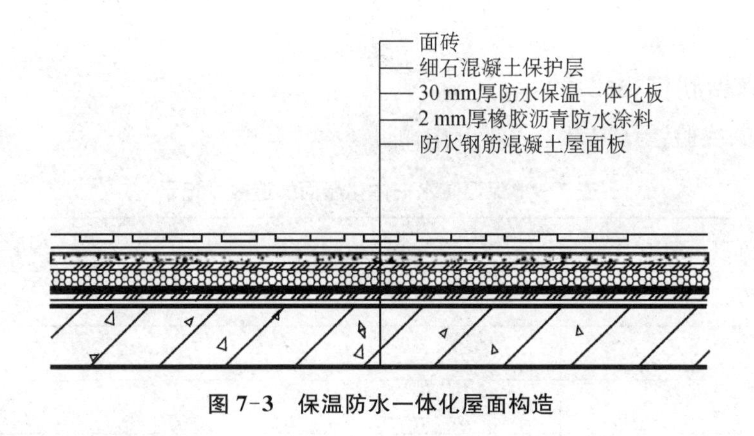

图 7-3　保温防水一体化屋面构造

5. 实验操作步骤

(1) 施工工序。

防水保温一体化施工工序包括以下几个方面:基层验收,切割防水保温板,基层清理,加热沥青防水材料,节点处理,涂刷基层处理剂,弹定位线,涂刷橡胶沥青防水材料,铺设第一幅板材,板材位置调整,平板振动,铺设下一幅板材,板材拼接,板材铺设完成,铺设细石混凝土层,面砖铺设,检查验收。

(2) 施工细节。

① 基层验收:在防水工程开始施工前,应对基层进行验收,确保达到屋面防水施工要求。

② 基层清理:采用扫帚、铁铲等将基层表面水泥浆体、砂石等杂物清理干净,对屋面凹凸部位进行清理,保证屋面平整度,必要时可以使用打磨机、高压水枪等对屋面凸起的水泥浆体进行清理。

③ 加热沥青防水材料:对块状的橡胶沥青防水材料进行加热,并注意控制加热温度。

④ 节点处理:对屋面的防水口、后浇带等部位进行防水处理,处理方式为涂刷橡胶沥青防水材料+网格布。

⑤ 涂刷橡胶沥青防水材料:将加热完成的橡胶沥青防水材料进行涂刷,沥青涂料的用量为 2.5 kg/m^2。在橡胶沥青涂料施工中,应注意控制沥青材料涂抹均匀。施工时将防水保温板折起,将板材沿涂料涂刷方向铺设,并注意位置校正。

⑥ 铺设下一幅板材:下一幅板材铺设应紧靠上一幅板材铺设,相邻板材注意平齐,相邻板缝宽度控制不超过 50 mm,如若铺设过程中板缝宽度过大,应进行填缝处理。板材铺设完成后,采用平板振动器振动排出黏结界面的气泡,确保防水保温板与基层黏结紧密。

⑦ 板材搭接:板材铺设完成后,应进行板材间的搭接,搭接采用网格布+涂料+镀铝膜,在灌封完成的板拼接边界上铺贴网格布,随后在其表面涂抹防水涂料,最后在涂料表面覆盖镀铝膜,镀铝膜宽度为 160 mm。

6. 实验数据和过程记录

(1) 将相关实验数据记录于表 7-9 中。

表 7-9 保温防水一体化屋面构造数据记录

时间	操作	现象

(2) 记录实验过程中出现的现象,并分析出现此类现象的原因。

(3) 根据实验过程及产品品质建立实验参数与产品质量的基本关系,并说明改进的方法。

(4) 从不同角度对成型样品拍照,并将照片展示在报告中。

7. 实验操作注意事项

(1) 施工前基层应清理干净。

(2) 严格按照施工工序操作。

8. 思考题

(1) 设计一款保温防水一体化屋面结构有哪些因素?

(2) 保温防水一体化对建筑物的使用寿命有哪些帮助?

实验7.6 防水保温一体化板的制备研究

1. 实验目的与要求

(1) 掌握防水保温一体化板的制作方法。

(2) 熟悉保温、防水材料的技术特点。

2. 实验原理

防水保温一体化板指建筑物外墙的保温、隔热、防水功能由一种材料承担，即外墙外保温材料不但能起到保护墙体结构的作用，同时还减少了外界温度、湿度各种射线对主体的影响，适合的保温隔热材料不仅能达到节能保温的目的，还能延长建筑物的寿命。

外墙保温一体化板是由黏结层、保温层、锚固件及密封材料等组成。不仅适用于新建筑的外墙保温与装饰，也适用于旧建筑的节能和装饰改造；既适用于各类公共建筑，也适用于住宅建筑的外墙外保温；既适用于北方寒冷地区的建筑，也适用于南方炎热地区的建筑。

现有的外墙保温板一般使用岩棉作为芯板。岩棉保温板是以玄武岩及其他天然矿石等为主要原料制成非连续性纤维，加入一定量的黏结剂等辅助剂，再经过沉降、固化、切割等工艺制成不同密度的板状产品，用于工业设备、建筑的绝热隔声等；同时随着建筑节能观念的推广，岩棉保温板的使用范围也越来越广，其种类也越来越多。

3. 实验设备、用品与原料

(1) 主要设备及用品。

加热炉、模具。

(2) 主要原料。

岩棉带、玻璃纤维网格布、砂浆、胶黏剂、锚栓。

4. 实验项目的配方设计

本实验设计一种防火防水保温一体化外墙板的制作方法，包括：取岩棉带作为保温板芯板，将玻纤网格布与调制好的砂浆混合得到玻纤砂浆混合物；将岩棉带芯板的正反两面刷涂砂浆，再将玻纤砂浆混合物与岩棉带芯板进行滚压处理，多次干燥、翻面以及多次养护。

5. 实验操作步骤

(1) 取岩棉带作为保温板芯板，将玻纤网格布与调制好的砂浆混合，得到玻纤砂浆混合物。

(2) 将岩棉带芯板的正反两面刷涂砂浆，并将步骤(1)得到的玻纤砂浆混合物与岩棉带芯板进行滚压处理，然后使用加热炉对复合板进行干燥处理，干燥时间为4～8 h，温度为120～300 ℃，得到第一复合板。

(3) 将第一复合板再次进行滚压处理，继续使用加热炉对复合板进行干燥处理，干燥时间为4～8 h，温度为120～300 ℃，得到第二复合板。

(4) 将第二复合板按照规格进行切割,得到基础岩棉带复合板,并对基础岩棉带复合板进行养护。

(5) 利用翻板结构将基础岩棉复合板进行翻面处理,再次进行养护,得到岩棉带复合板。

(6) 以岩棉带复合板作为保温层,其一面涂覆抹面砂浆层,抹面层内设有多个外墙保温用锚栓,且每平方米锚栓数量大于等于 6 个,岩棉带复合板另一面涂覆胶黏剂黏结层,且黏结面要大于等于岩棉带复合板面积的 60%,最终得到免拆模板即为防水保温一体板。

6. 实验数据和过程记录

(1) 将相关实验数据记录于表 7-10 中。

表 7-10 保温防水一体板制作实验数据记录

时间	操作	现象

(2) 记录实验过程中出现的现象,并分析出现此类现象的原因。

(3) 根据实验过程及产品品质建立实验参数与产品质量的基本关系,并说明改进的方法。

(4) 从不同角度对成型样品拍照,并将照片展示在报告中。

7. 实验操作注意事项

(1) 岩棉带芯板刷涂砂浆需均匀。

(2) 干燥处理温度较高,避免烫伤。

8. 思考题

(1) 岩棉带作为保温芯板有哪些优缺点?

(2) 除了岩棉带作为保温芯板之外,还可以用什么材料作为防水保温一体板的保温芯材?

实验 7.7　建筑陶瓷砖的制备

1. 实验目的与要求

(1) 熟悉建筑陶瓷的分类及原料组成。

(2) 掌握建筑陶瓷砖的制备流程和技术要点。

2. 实验原理

陶瓷砖是由黏土和其他无机非金属原料，经研磨、混合、压制、施釉及烧结等过程，而形成的一种耐酸、耐碱的瓷质或石质的板状或块状陶瓷制品，用于装饰与保护建筑物、构筑物的墙面和地面的材料。其原材料多由黏土、石英砂，在室温下通过干压、挤压或其他成型方法成型，然后干燥，在一定温度下烧制而成。通过优化陶瓷砖的配方及原材料的种类、用量等工艺条件制备性能符合要求的陶瓷砖，同时能降低成本，治理环境污染，对人们的生活和社会经济效益有巨大的帮助。

3. 实验设备、用品与原料

(1) 主要设备及用品。

电子天平、球磨机、干燥箱、干压成型机、马弗炉。

(2) 主要原料。

紫砂泥、煤矸石、长石、润滑剂。

4. 实验项目的配方设计

按给出的应用场合设计符合应用要求的陶瓷砖基础配方。建筑陶瓷砖的基础配方如表 7-11 所示。

表 7-11　建筑陶瓷砖的基础配方

原料	含量/%
紫砂泥	50
煤矸石	30
长石	20

建筑陶瓷砖胚料制备实验的工艺流程如图 7-4 所示。

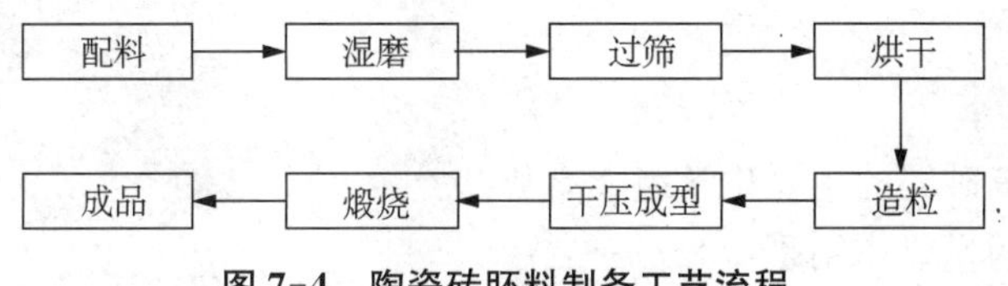

图 7-4　陶瓷砖胚料制备工艺流程

5. 实验操作步骤

(1) 称料:按照实验配方比例,用电子天平精确称量原料。

(2) 球磨:将称量好的原料,装入行星球磨罐,按照球∶料∶水=1∶(2~1.5)∶0.6 的比例加入水和原料以及辅助原料,球磨 40 min,转速为 300 r/min。

(3) 造粒:将球磨出来的原料过 100 目的筛子,烘干,再加入 7%左右的水,造粒,过 80 目筛。

(4) 干压成型:加入润滑剂以减少颗粒与模具表面的摩擦和颗粒之间的摩擦。将处理后的粉体装入模具,用干压成型机以一定压力和压制方式使粉料成为致密坯体。

(5) 干燥:将成型后的试样放入干燥箱中干燥。

(6) 煅烧:将烘干好的试条放入箱式电阻炉中,在设定的最高烧成温度下保温 30 min,自然冷却后从马弗炉中取出,备用,然后进行性能检测。

6. 实验数据和过程记录

(1) 将相关实验数据记录于表 7-12 中。

表 7-12 陶瓷砖胶黏剂制作实验数据记录

时间	操作	现象

(2) 记录实验过程中出现的现象,并分析出现此类现象的原因。

(3) 根据实验过程及产品品质建立实验参数与产品质量的基本关系,并说明改进的方法。

(4) 从不同角度对成型样品拍照,并将照片展示在报告中。

7. 实验操作注意事项

(1) 物料称量尽量准确。

(2) 严格控制煅烧的时间和温度。

(3) 压制成型的过程中尽量排出气泡。

8. 思考题

(1) 煤矸石和紫砂泥的主要化学组成有哪些?

(2) 加入长石的主要作用是什么?

(3) 煅烧温度对陶瓷砖抗折强度有什么影响?

实验 7.8　建筑钢材性能测定

1. 实验目的与要求

(1) 掌握钢材的屈服强度、抗拉强度与伸长率的测定。

(2) 掌握钢材受拉的拉力与应变之间的关系。

(3) 检验钢材冷弯性能。

2. 实验原理

抗拉强度是建筑钢材最重要的性能之一。由拉力实验测定的屈服点、抗拉强度和伸长率是钢材抗拉性能的主要技术指标。钢材的受拉性能,可通过低碳钢受拉时的应力-应变图阐明。低碳钢在常温和静载条件下,要经历 4 个过程,即弹性阶段、塑性阶段、应变强化阶段和颈缩断裂阶段。钢材的抗拉性能通过伸长率等指标来反应。

冷弯性能是指钢材在常温下承受弯曲变形的能力,是建筑钢材的重要工艺性能。钢材的冷弯性能指标用试件在常温下所能承受的弯曲程度表示。弯曲程度则通过试件被弯曲的角度和弯心直径对试件厚度的比值来区分。实验时采用的弯曲角度越大,弯心直径对试件厚度的比值越小,表示对冷弯性能的要求越高。按规定的弯曲角和弯心直径进行实验时,试件的弯曲处不发生裂缝、裂断或起层,即认为冷弯性能合格。

3. 实验设备、用品与原料

(1) 主要设备及用品。

万能试验机、钢筋切割机、游标卡尺。

(2) 主要原料。

钢筋试件。

4. 实验项目取样规定

应按批进行检查,每批由同一厂别、同一炉罐号、同一规格、同一交货状态、同一进场(厂)时间为一验收批,每批数量不大于 60 t,取一组试样。自每批钢筋中任意抽取 2 根,于每根距端部 50 mm 处各取一套试样(2 根试件)。在每套试样中取一根作拉伸实验,另一根作冷弯实验。

5. 实验方法和步骤

本实验依据《金属材料弯曲试验方法》(GB/T 232—1999)和《金属材料室温拉伸试验方法》(GB/T 228—2002)的规定进行。

(1) 拉伸实验。

① 试件制作和准备。

钢筋截取后,不得进行车削加工,在试件表面平行轴向方向划直线,在直线上冲击两标距端点,两端点间划分 10 等分标点,如图 7-5 所示。

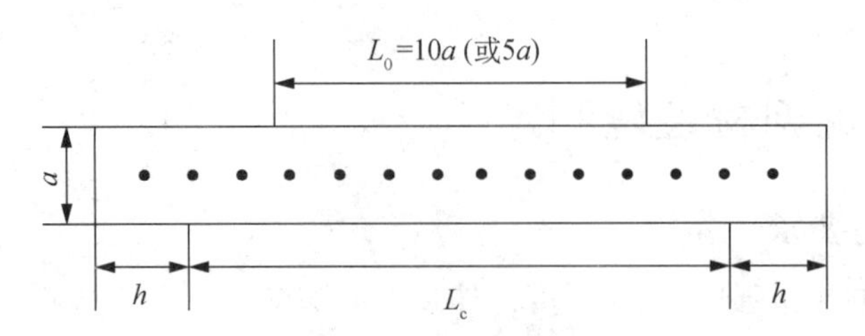

a—试样原始直径；L_0—标距长度；L_c—试样平行长度(不小于 L_0+a)；h—夹头长度

图 7-5　钢材拉伸试件

② 实验步骤。

a. 测量标距长度 L_0，精确至 0.1 mm。

b. 车削试件分别测量标距两端点和中部的直径，求出截面面积，取 3 个面积中最小面积值 F_0 作为计算面积。不经车削的试件其截面面积 A_0，按钢筋的公称直径计算，公称直径为 8～10 mm 时，精确至 0.01 mm^2；公称直径为 12～32 mm 时，精确至 0.1 mm^2；公称直径 32 mm以上者，取整数。

c. 将试件固定在试验机夹头内开动试验机加荷，试件屈服前，加荷速度为 10 MPa/s，屈服后，夹头移动速度不大于 0.5 L_0/min。

d. 加荷拉伸时，当试验机刻度盘指针停止在恒定荷载，或不计初始效应指针回转时的最小荷载，就是屈服点荷载 F_s。

e. 继续加荷至试件拉断，记录刻度盘指针的最大荷载 F_b。

f. 将拉断试件在断裂处对接，并保持在同一轴线上。测量拉伸后标距两端点间的长度 l_1，精确至 0.1 mm。如试件拉断处到邻近的标距端点距离小于或等于 $L_0/3$，应按位移法确定 l_1(图 7-6)，在长段上，从拉断处 O 点取基本等于短段格数，得 B 点。当长段所余格数为奇数时(图 7-6a)，所余格数减 1 和加 1 之半，得 C，C_1 点，得 $AO+OB+BC+BC_1$ 为位移后得 l_1；当长段所余格数为偶时(图 7-6b)，所余格数之半，得 C 点，得 $AO+OB+2BC$ 为位移后得 l_1。

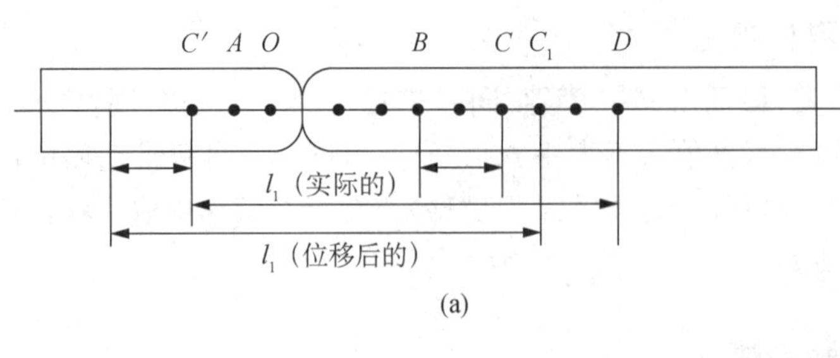

(a)

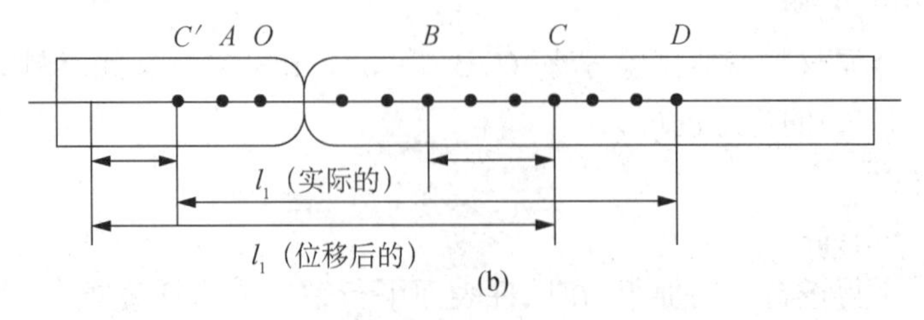

(b)

图 7-6　位移法测标距 l_1

③ 实验结果计算。

a. 屈服强度σ_s按式(7-1)计算(精确至10 MPa)。

$$\sigma_s=\frac{F_s}{A_0} \tag{7-1}$$

b. 抗拉强度σ_b按式(7-2)计算(精确至10 MPa)。

$$\sigma_b=\frac{F_b}{A_0} \tag{7-2}$$

c. 伸长δ按式(7-3)计算(精确至1%)。

$$\delta_{10}(\delta_5)=\frac{L_1-L_0}{L_0}\times 100\% \tag{7-3}$$

式中,δ_{10},δ_5分别表示$L_0=10a$和$L_0=5a$时的伸长率。

d. 结果评定。

(a) 屈服点、抗拉强度、伸长率均应符合相应标准中规定的指标。

(b) 作拉伸检验的2根试件中,如有一根试件的屈服点、抗拉强度和伸长率3个指标中有一个指标不符合标准时,即为拉伸实验不合格,应取双倍试件重新测定;在第二次拉伸实验中,如仍有一个指标不符合规定,不论这个指标在第一次实验中是否合格;拉伸实验项目定为不合格,表示该批钢筋为不合格品。

(c) 实验出现下列情况之一者,实验结果无效。

- 试件断在标距外或断在机械刻划的标距标记上,而且断后伸长率小于规定最小值;
- 操作不当,影响实验结果;
- 实验记录有误或设备发生故障。

(2) 冷弯实验。

① 试件制作和准备。

试样不经加工,长度$L\approx 5a+150$ (mm)(a为试样原始直径)。

② 实验步骤。

a. 根据钢材等级选择好弯心直径和弯曲角度。

b. 根据试样直径选择压头和调整支辊间距,将试样放在试验机上,如图7-7(a)所示。

c. 开动试验机加荷弯曲试样达到规定的弯曲角度,如图7-7(b),(c)所示。

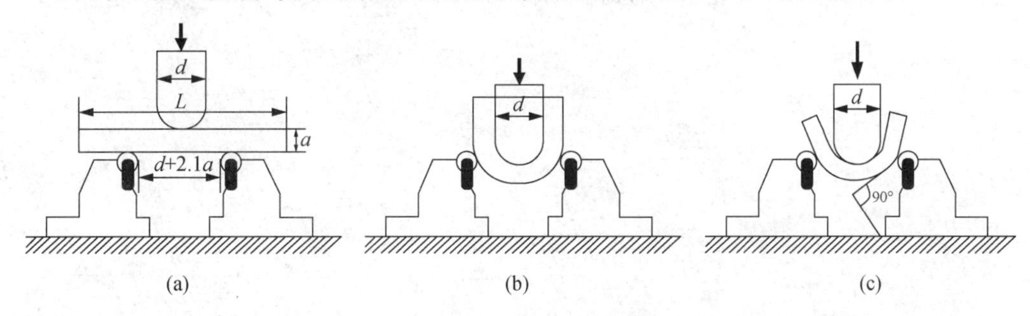

图7-7　钢材冷弯实验装置

③ 结果评定。

冷弯实验后弯曲外侧表面，如无裂纹、断裂或起层，即判为合格。作冷弯的 2 根试件中，如有一根试件不合格，可取双倍数量试件重新做冷弯实验。第二次冷弯实验中，如仍有一根不合格，即判该批钢筋为不合格品。

6. 实验数据和过程记录

(1) 将相关实验数据记录于表 7-13 中。

表 7-13 钢材拉伸实验数据记录

试件标号	钢筋直径 a/mm	试样面积 F_0/mm²	屈服荷载 P_s/N	屈服点 F_0/MPa	最大荷载 P_b/N	抗拉强度 σ_b/MPa	原标距长度 L_0 /mm	拉断面距长 L_1 /mm	伸长率 /%
1									
2									
3									
4									
5									

(2) 记录实验过程中出现的现象，并分析出现此类现象的原因。

(3) 根据实验过程及产品品质建立实验参数与产品质量的基本关系，并说明改进的方法。

(4) 从不同角度对成型样品拍照，并将照片展示在报告中。

7. 实验操作注意事项

(1) 标距尽量准确。

(2) 实验过程中注意安全，做好防护。

8. 思考题

(1) 钢材拉伸过程中经历了哪几个阶段？

(2) 什么是钢材的冷弯性能？有何作用？

实验 7.9　混凝土拌和物的制备与表观密度测定

1. 实验目的与要求

（1）掌握混凝土拌和物的制备方法。

（2）掌握混凝土表观密度的测试方法。

2. 实验原理

混凝土拌和物的稠度根据构件尺寸、钢筋密度、捣实设备以及环境条件等因素确定。因此，施工时若拌和物的稠度大于设计值，则难以确保混凝土浇筑质量，易出现混凝土蜂窝、麻面等缺陷。若稠度大于设计值范围，说明混凝土拌和物水灰比增大，将导致混凝土强度降低，并影响混凝土耐久性。因此，生产过程中应该加强对混凝土拌和物稠度的检验，以利于发现问题，及时采取措施以确保混凝土拌和物的质量。

混凝土拌和物捣实后的单位体积质量称为混凝土的表观密度（kg/m^3）。拌和物的振实方法采用振动台和振棒两种，坍落度小于 70 mm 的混凝土宜用振动台振实，坍落度大于 70 mm的宜用捣棒。混凝土拌和物表观密度的大小可以反映混凝土的密实程度，计算混凝土各种材料的用量须采用表观密度。

3. 实验设备、用品与原料

（1）主要设备及用品。

混凝土搅拌机、试样桶、捣棒、磅秤、振动台。

（2）主要原料。

胶凝材料、粗骨料、细骨料、水。

4. 实验项目取样规定

同一组混凝土拌和物的取样应从同一盘混凝土或同一车混凝土中取样。取样量应多于实验所需量的 1.5 倍，且宜不小于 20 L。混凝土拌和物的取样应具有代表性，宜采用多次采样的方法。一般在同一盘混凝土或同一车混凝土中约 1/4 处、1/2 处和 3/4 处分别取样，从第一次取样到最后一次取样不宜超过 15 min，然后人工搅拌均匀。

混凝土的配合比参照《普通混凝土用砂、石质量及检验方法标准》（JGJ 52—2006）的规定确定。

5. 实验操作步骤

（1）混凝土拌和物的制备。

① 混凝土拌和物应采用搅拌机搅拌，搅拌前应将搅拌机冲洗干净，并预拌少量同种混凝土拌和物或水胶比相同的砂浆，搅拌机内壁挂浆后将剩余料卸出。

② 称好的粗骨料、胶凝材料、细骨料和水应依次加入搅拌机，难溶和不溶的粉状外加剂宜与胶凝材料同时加入搅拌机，液体和可溶外加剂宜与拌和水同时加入搅拌机。

③ 混凝土拌和物宜搅拌 2 min 以上，直至搅拌均匀。

④ 混凝土拌和物一次搅拌量不宜少于搅拌机公称容量的 1/4，不应大于搅拌机公称容量，且不应少于 20 L。

⑤ 实验室搅拌混凝土时，材料用量应以质量计。骨料的称量精度应为±0.5%；水泥、掺合料、水、外加剂的称量精度均应为±0.2%。

(2) 混凝土拌和物表观密度的测定。

① 表观密度实验的实验设备应符合下列规定。

a. 容量筒应为金属制成的圆筒，筒外壁应有提手。骨料最大公称粒径不大于 40 mm 的混凝土拌和物宜采用容积不小于 5 L 的容量筒，筒壁厚不应小于 3 mm；骨料最大公称粒径大于 40 mm 的混凝土拌和物应采用内径与内高均大于骨料最大公称粒径 4 倍的容量筒。容量筒上缘及内壁应光滑平整，顶面与底面应平行并应与圆柱体的轴垂直。

b. 电子天平的最大量程应为 50 kg，感量不应大于 10 g。

c. 振动台应符合现行行业标准《混凝土试验用振动台》(JG/T 245—2009)的规定。

d. 捣棒应符合现行行业标准《混凝土坍落度仪》(JG/T 248—2009)的规定。

② 混凝土拌和物表观密度测定实验步骤。

a. 应将干净容量筒与玻璃板一起称重。

b. 将容量筒装满水，缓慢将玻璃板从筒口一侧推到另一侧，容量筒内应满水并且不应存在气泡，擦干容量筒外壁，再次称重。

c. 两次称重结果之差除以该温度下水的密度应为容量筒容积 V；常温下水的密度可取 1 kg/L。

d. 容量筒内外壁应擦干净，称出容量筒质量 m，精确至 10 g。

③ 混凝土拌和物试样应按下列要求进行装料，并插捣密实。

a. 坍落度不大于 90 mm 时，混凝土拌和物宜用振动台振实。振动台振实时，应一次性将混凝土拌和物装填至高出容量筒筒口。装料时可用捣棒稍加插捣，振动过程中混凝土低于和筒口，应随时添加混凝土，振动直至混凝土表面出浆为止。

b. 坍落度大于 90 mm 时，混凝土拌和物宜用捣棒插捣密实。插捣时，应根据容量筒的大小决定分层与插捣次数。用 5 L 容量筒时，混凝土拌和物应分两层装入，每层的插捣次数应为 25 次；用大于 5 L 的容量筒时，每层混凝土的高度不应大于 100 mm，每层插捣次数应按每 10 000 mm² 截面不小于 12 次计算。各次插捣应由边缘向中心均匀地插捣，插捣底层时捣棒应贯穿整个深度，插捣第二层时，捣棒应插透本层至下一层的表面。每一层捣完后用橡皮锤沿容量筒外壁敲击 5～10 次，进行振实，直至混凝土拌和物表面插捣孔消失并不见大气泡为止。

c. 自密实混凝土应一次性填满，且不应进行振动和插捣。

d. 将筒口多余的混凝土拌和物刮去，表面有凹陷应填平；将容量筒外壁擦净，称出混凝土拌和物试样与容量筒总质量 m_2，精确至 10 g。

(3) 混凝土拌和物表观密度应按式(7-4)计算。

$$\rho = \frac{m_2 - m_1}{V} \times 1\,000 \tag{7-4}$$

式中　ρ——混凝土拌和物表观密度(kg/m^3),精确至 10 kg/m^3;
m_1——容量筒质量(kg);
m_2——容量筒和试样总质量(kg);
V——容量筒容积(L)。

6. 实验数据和过程记录

(1) 将相关实验数据记录于表 7-14 中。

表 7-14　混凝土拌和物配合比及表观密度实验数据记录

编号	水泥	粗骨料	砂	水	外加剂	表观密度	现象
1							
2							
3							
4							
5							

(2) 记录实验过程中出现的现象,并分析出现此类现象的原因。

(3) 根据实验过程及产品品质建立实验参数与产品质量的基本关系,并说明改进的方法。

(4) 从不同角度对成型样品拍照,并将照片展示在报告中。

7. 实验操作注意事项

(1) 对于集料公称最大粒径不大于 31.5 mm 的拌和物采用 5 L 的试样筒,对于集料公称最大粒径大于 31.5 mm 的混凝土拌和物采用的试样筒,其内径与高度均应大于集料公称最大粒径的 4 倍。

(2) 实验前用湿布将集料筒内外擦拭干净。

(3) 对坍落度不小于 70 mm 混凝土,宜采用人工捣实。对于 5 L 的试样筒,分两层装入,每层插捣 25 次;对于大于 5 L 的试样筒,每层装入的混凝土高度不大于 100 mm,插捣次数不小于 12 次/10 000 mm^2,物料称量尽量准确。

8. 思考题

(1) 混凝土按表观密度可以分为哪几类?

(2) 测定混凝土拌和物表观密度的作用是什么?

实验 7.10　水泥净浆强度测定

1. 实验目的与要求

(1) 掌握水泥净浆强度测定方法。

(2) 熟悉国家标准对水泥净浆强度的技术指标要求。

2. 实验原理

水泥净浆是利用水泥和水拌和均匀而成的具有流动度好、不泌水、收缩率小、具有一定可塑性且硬化后强度稳定的混合物。实际中,水泥净浆一般应用在采用后张法的预应力混凝土结构中的孔道压浆,现行的关于水泥净浆检测标准只是相关标准附带提及,未有关于净浆的稠度和流动度及强度检测的统一标准。

3. 实验设备、用品与原料

(1) 主要设备及用品。

万能试验机、水泥净浆搅拌机、试模、磅秤、振动台。

(2) 主要原料。

水泥 P.Ⅱ 52.5R、水。

4. 实验项目的实验方法

参照《混凝土结构工程施工质量验收规范》(GB 50204—2015)第 6.5.3 条的规定进行实验,即每组水泥净浆试件由 6 个边长为 70.7 mm 的立方体试块组成,水泥净浆立方体抗压强度实验的加荷速度为 0.25～1.5 kN/s。

水泥净浆的抗压强度为 6 个试件的强度平均值,在 1 组试件中如果抗压强度最小值或者最大值与平均值的偏差超过 20%,则采用强度值在中间的 4 个试件的平均值作为此组试件的强度评定值。

5. 实验操作步骤

(1) 水泥净浆的拌制。

用水泥净浆搅拌机搅拌,搅拌锅和搅拌叶片先用湿布擦一遍,将拌和水倒入搅拌锅内,然后在 5～10 s 内将称好的 500 g 水泥小心加入水中(水灰比为 0.3～0.7),防止水和水泥溅出。拌和时,先将锅放在搅拌机的锅座上,顺时针转动锅至锁紧,再扳动手柄使搅拌锅上升至搅拌工作定位位置,启动搅拌机,低速搅拌 120 s,停 15 s,同时将叶片和锅壁上的水泥浆刮入锅中间,接着高速搅拌 120 s,停机。扳动手柄使搅拌锅向下移,逆时针转搅拌锅至松开位置,取下搅拌锅。

(2) 水泥净浆试件制作与养护。

① 试件用振实台成型时,将空试模(70.7 mm×70.7 mm×70.7 mm)和模套固定在振实台上。

② 用一个适当的勺子直接从搅拌锅里将水泥净浆分两层装入试模。装第一层时，每个槽里约放 300 g 水泥净浆，用大播料器垂直架在模套顶部沿每个模槽来回一次将料层播平，接着振实 60 次。再装入第二层水泥净浆，用小播料器播平，再振实 60 次。移走模套，从振实台上取下试模，用一金属直尺以近似 90°方向以横向锯割动作慢慢向另一端移动，一次将超过试模部分的水泥净浆刮去，并用同一直尺在近乎水平的情况下将试体表面抹平。在试模上做标记或加字条标明试件编号和试件相对于振实台的位置。

③ 去掉留在模子周围的水泥净浆，立即将试模送入养护箱中，做好标记。养护时不应将试模放在其他试模上，一直养护到规定的脱模时间时取出脱模。2 个龄期以上的试体，在编号时应将同一试模中的 3 条试体分在 2 个以上龄期内。

④ 脱模：对于 24 h 龄期的，应在破型实验前 20 min 内脱模；对于 24 h 以上龄期的，应在成型后 20～24 h 的脱模。注：砌筑水泥成型 24 h 后尚不易脱模时，可适当延长养护时间，但不应超过 48 h，并做好记录。

⑤ 脱模后将试件立即水平或竖直放在(20±1) ℃的水中养护 28 d。水平放置时刮平面应朝上。试件放在不易腐烂的篦子上，并彼此间保持一定的间距，以让水与试件的 6 个面接触。

⑥ 到实验龄期的水泥试体应在实验(破型)前 15 min 从中取出，揩去试体表面的沉积物，并用湿布覆盖至实验为止。

(3) 水泥净浆试件抗压实验。

水泥净浆试件在标准养护龄期 28 d 后，使用万能试验机进行水泥净浆试块的抗压强度实验。抗压强度实验前应检查其外观，将净浆试块表面擦拭干净，并测量净浆试块的尺寸。当实测的尺寸与公称尺寸的差值不超过 1 mm 时，可按照公称尺寸进行计算；当差值超过 1 mm时，按照实测尺寸进行试件承压面积的计算，并记录实验数据。

① 水泥净浆试件在标准养护龄期 28 d 后，从养护地点取出后，应尽快进行实验，以免试件内部温湿度发生显著变化。实验前先将试件擦拭干净，测量尺寸，并检查其外观。试件尺寸测量精确至 1 mm，并据此计算试件的承压面积。如实测尺寸与公称尺寸之差不超过 1 mm，可按公称尺寸进行计算。

② 将试件安放在试验机的下压板(或下垫板)上，试件的承压面与成型时的顶面垂直，试件中心应与试验机下压板(或下垫板)中心对准。开动试验机，当上压板(或上垫板)与试件接近时调整球座，使接触面均衡受压。承压实验应均匀而连续地加荷，当试件接近破坏而迅速变形时，停止调整压力机油门，直至试件破坏，然后记录破坏荷载。

③ 水泥净浆立方体抗压强度按式(7-5)计算(精确至 0.1 MPa)。

$$f_{m,cu}=\frac{N\mu}{A} \tag{7-5}$$

式中　$f_{m,cu}$——水泥净浆立方体抗压强度(MPa)；

N_{μ}——立方体破坏载荷(N)；

A——试件承压面积(mm^2)。

6. 实验数据和过程记录

(1) 将相关实验数据记录于表 7-15 中。

(2) 记录实验过程中出现的现象,并分析出现此类现象的原因。

(3) 根据实验过程及产品品质建立实验参数与产品质量的基本关系,并说明改进的方法。

(4) 从不同角度对成型样品拍照,并将照片展示在报告中。

表 7-15　水泥净浆强度实验数据记录

试样编号	水泥 P.Ⅱ 52.5R	水	抗压强度/MPa	操作	现象
1					
2					
3					
4					
5					

7. 实验操作注意事项

(1) 试件养护期间注意观察试件养护情况,及时补充水量。

(2) 试件养护完成后,应尽快实验。

8. 思考题

(1) 改变水泥净浆配合比,试件的强度会有什么影响?

(2) 脱模后的试件养护为什么采用水养护的方法?

参考文献

[1] 中华人民共和国国家质量监督检验检疫总局,中国国家标准化管理委员会.建设用卵石、碎石:GB/T 14685—2011[S].北京:中国标准出版社,2012.
[2] 中华人民共和国交通部.公路工程岩石试验规程:JTG E 41—2005[S].北京:人民交通出版社,2005.
[3] 中华人民共和国国家标准质量监督检验检疫总局,中国国家标准化管理委员会.水泥细度检验方法筛析法:GB/T 1345—2005[S].北京:中国标准出版社,2005.
[4] 中华人民共和国国家质量监督检验检疫总局,中国国家标准化管理委员会.水泥标准稠度用水量、凝结时间、安定性检验方法:GB/T 1346—2011[S].北京:中国标准出版社,2012.
[5] 中华人民共和国建设部.普通混凝土用砂、石质量及检验方法标准(附条文说明):JGJ 52—2006[S].北京:中国建筑工业出版社,2007.
[6] 中华人民共和国住房和城乡建设部.普通混凝土拌合物性能试验方法标准:GB/T 50080—2016[S].北京:中国建筑工业出版社,2017.
[7] 中华人民共和国住房和城乡建设部.混凝土强度检验评定标准:GB/T 50107—2010[S].北京:中国建筑工业出版社,2010.
[8] 中华人民共和国住房和城乡建设部.建筑砂浆基本性能试验方法标准:JGJ/T 70—2009[S].北京:中国建筑工业出版社,2009.
[9] 中华人民共和国国家质量监督检验检疫总局,中国国家标准化管理委员会.沥青针入度测定法:GB/T 4509—2010[S].北京:中国标准出版社,2011.
[10] 中华人民共和国国家质量监督检验检疫总局,中国国家标准化管理委员会.沥青延度测定法:GB/T 4508—2010 [S].北京:中国标准出版社,2011.
[11] 中华人民共和国国家质量监督检验检疫总局,中国国家标准化管理委员会.沥青软化点测定法 环球法:GB/T 4507—2014[S].北京:中国标准出版社,2014.
[12] 中华人民共和国国家质量监督检验检疫总局,中国国家标准化管理委员会.色漆、清漆和塑料 不挥发物含量的测定:GB/T 1725—2007[S].北京:中国标准出版社,2008.
[13] 国家技术监督局.漆膜一般制备法:GB 1727—1992[S].北京:中国标准出版社,1993.
[14] 国家标准总局.漆膜,腻子膜干燥时间测定法:GB 1728—1979[S].北京:中国标准出版社,1980.
[15] 国家市场监督管理总局,国家标准化管理委员会.色漆和清漆 遮盖力的测定 第1部分:白色和浅色漆对比率的测定:GB/T 23981.1—2019[S].北京:中国标准出版社,2019.
[16] 中华人民共和国国家质量监督检验检疫总局,中国国家标准化管理委员会.聚合物水泥防水涂料:GB/T 23445—2009[S].北京:中国标准出版社,2010.

[17] 中华人民共和国国家质量监督检验检疫总局,中国国家标准化管理委员会.聚氨酯防水涂料:GB/T 19250—2013[S].北京:中国标准出版社,2010.
[18] 中华人民共和国国家质量监督检验检疫总局,中国国家标准化管理委员会.陶瓷砖:GB/T 4100—2015[S].北京:中国标准出版社,2015.
[19] 梁立明,珍珠岩.岩棉复合保温板的复合方式对性能的影响研究[D].北京:中国地质大学,2019.
[20] 刘光,黄荣富,张峰龙,等.膨胀珍珠岩在保温材料中的研究进展[J].广州化工,2018(15):30-31.
[21] 李永庆.无卤阻燃聚苯乙烯保温板生产工艺研究[J].橡塑技术与装备(塑料),2020(46):22-24.
[22] 高宁.阻燃聚氨酯硬泡的制备及联用技术在聚氨酯阻燃机理研究中的应用[D].西安:西安交通大学,2014.
[23] 刘佳.节能玻璃在建筑节能设计中的应用[J].山西建筑,2019,45(8):167-168.
[24] 冯梦萍.建筑用反射隔热涂料节能效果研究[D].杭州:浙江大学,2015.
[25] 吴蓁,秦颂治.建筑防水涂膜用纯丙弹性乳液的研究[J].中国建筑防水,2003(3):10-12.
[26] 吴蓁,白云兵.硅丙乳液及其建筑涂料的制备和性能研究[J].新型建筑材料,2005(3):15-19.
[27] 吴蓁,郭青,崔文晔.高铁用高强度聚氯酯防水涂料配方设计与制备工艺[J].新型建筑材料,2011(5):72-75.
[28] 吴蓁,方颖,余金妹.水泥基聚合物防水涂料的自愈合研究[J].新型建筑材料,2012(11):32-35.
[29]余郑,沈强,洪晨雅,等.高强度聚氨酯防水涂料的制备及其应用研究[J].聚氨酯工业,2017,32(3):29-31.
[30] 张杰.保温板的防水憎水性研究及施工[J].施工技术,2005,34(11):52-53.
[31] 张志刚.无机铝盐防水剂的应用[J].广东土木与建筑,2001,11:40-41,31.
[32] 郭金辉.水性纳米隔热保温涂料的制备与性能研究[J].绿色环保建材,2020,158(4):9,12.
[33] 刘成金,张恩武.浅谈外墙保温装饰一体板的应用[J].辽宁建材,2010(2):25-26.
[34] 张伟.外墙保温装饰一体板施工技术的研究与应用[J].城市建筑,2015(30):112-113.
[35] 杜安栋.耐高温隔热涂料的制备及隔热机理研究[D].沈阳:沈阳理工大学,2017.
[36] 李胜英.建筑节能检测技术[M].北京:中国电力出版社,2017.
[37] 王松.聚氨酯泡沫孔结构控制研究[D].长沙:国防科学技术大学,2002.
[38] 吴蓁,郭青.新型环保型发泡剂在聚氨酯硬泡中的应用研究[J].新型建筑材料,2008(1):42-47.
[39] 宋桂成.水性热反射涂料的研究[J].中国化工贸易,2013(7):254-255.
[40] 何帆.水泥基复合保温墙体材料的试验研究[D].西安:长安大学,2019.
[41] 夏卫东.膨胀珍珠岩-SiO_2气凝胶复合保温材料的制备研究[D].西安:西安建筑科技大学,2019.

[42] 李亭颖. 防水保温轻质高强石膏板制备技术[D].杭州:浙江大学,2013.
[43] 朱瑞华,金培玉,方淑琴,等. 硅烷改性聚醚合成及其密封胶的研制[J].有机硅材料,2019,33(4): 292-295.
[44] 史虎山. 屋面防水保温工程一体化设计及施工[J].山西建筑,2016,42(32):122-124.
[45] 李慧. 材料科学基础实验教程[M].哈尔滨:哈尔滨工业大学出版社,2011.